中建安装精品工程丛书

华晨宝马超级汽车工厂
精益建造实践

中建安装集团有限公司　组织编写

中国建筑工业出版社

图书在版编目（CIP）数据

华晨宝马超级汽车工厂精益建造实践 / 中建安装集团有限公司组织编写. -- 北京 : 中国建筑工业出版社, 2025. 1. -- (中建安装精品工程丛书). -- ISBN 978-7-112-30854-5

Ⅰ. TU27

中国国家版本馆CIP数据核字第20253Q2A11号

本书为中建安装集团有限公司承接的华晨宝马在沈阳三个厂区中的七个工程项目，其中华晨宝马汽车有限公司产品升级项目（铁西厂区）更是荣获了 2022—2023 年度中国建设工程"鲁班奖"。本书共 10 章，内容分别为：东方鲁尔　打造亮丽城市名片；精品工程　铸就超级工厂；正向设计；数字化建造；进度精益管理；质量精益管理；安全精益管理；智慧建造　提升建筑能效；绿色工厂　助力低碳发展；以匠心筑不凡。

责任编辑：张　磊　杨　杰
责任校对：王　烨

中建安装精品工程丛书
华晨宝马超级汽车工厂精益建造实践
中建安装集团有限公司　组织编写
*
中国建筑工业出版社出版、发行（北京海淀三里河路9号）
各地新华书店、建筑书店经销
北京点击世代文化传媒有限公司制版
临西县阅读时光印刷有限公司印刷
*
开本：880 毫米 × 1230 毫米　1/16　印张：12½　字数：292 千字
2025 年 6 月第一版　2025 年 6 月第一次印刷
定价：**158.00 元**
ISBN 978-7-112-30854-5
（44075）

坚持专业化、高质量、可持续发展，致力成为中国建筑专业公司高质量发展的排头兵、成为世界一流的综合安装领军企业

中建安装集团有限公司党委书记、董事长　王俊

本书编写委员会

主　　编：刘福建

副 主 编：樊现超　陈洪兴　陈永昌

编写人员：高玉豪　孙玮晨　孙吉勇　霍东东　谢羽瑶
　　　　　高鹤鸣　王　明　高海龙　林　鹏　邵雍博
　　　　　田　爽　赵　博　朱　静　刘玉光　张志远
　　　　　张志伟　冯岩明　吴梦旸　姜吉徽　梁春艳
　　　　　马铭成　刘　帅　滕大平　李　良　张志明

审核人员：王文柱　高　波

在新时代高质量发展的宏大叙事中,中国建造正以创新为笔、以品质为墨,书写着从"大国建造"向"强国智造"跨越的壮丽篇章,面对全球产业链重构与国内经济转型升级的双重挑战,建筑业作为国民经济支柱产业,亟需以精益建造为抓手,推动全产业链价值提升。丛书《恒逸(文莱)PMB 石油化工项目精益建造实践》《华晨宝马超级汽车工厂精益建造实践》《徐州城市轨道交通 3 号线站后工程精益建造实践》的推出,正是中建安装集团有限公司以实践回应时代命题的智慧结晶,亦是行业转型升级进程中的标志性成果,三册书籍分别从国际化工程、智能制造基地、城市轨道交通等维度,全景展现了精益建造理念的落地实践创新。本书重点介绍了华晨宝马超级汽车工厂精益建造的典型经验。

"华晨宝马"自 2003 年 5 月在沈阳注册成立,相继建成了铁西工厂、动力总成工厂、大东工厂及里达工厂,厂区总面积逾 6.7 平方公里,是宝马集团全球最大的生产基地,成为国内合资汽车的杰出代表。中建安装自 2012 年首次携手华晨宝马以来,共承接了其在沈阳三个厂区中的七个工程项目;在项目建造过程中,深入践行精益建造、绿色建造和数字建造,对细节极致追求,对工艺不断创新,相继建设了一系列精品工程,其中"华晨宝马"产品升级项目(铁西厂区)荣获中国建设工程"鲁班奖",打造了超级汽车工厂精益建造的行业标杆。

《华晨宝马超级汽车工厂精益建造实践》共分五篇 10 章,分别从焕新蝶变进军汽车产业、精准设计引领数字化建造、精益管理树立高效建造标杆、精品智造赋能智慧绿色工厂、匠心建造铸就鲁班品质工厂等五个方面,全面梳理总结了华晨宝马超级汽车工厂精益建造的实践成果。

众所周知,华晨宝马超级汽车工厂的建设呈现分期投资、分标段建设的特点,涉及众多参建单位;正是各家单位各展所长、协力共创,才最终打造了鲁班工厂。中建安装作为其中一员,承建了其中一部分工程,因此本书难免存在片面和不足之处,还望广大读者、业内专家同仁不吝赐教和批评指正。

目 录

第一篇

焕新蝶变　进军汽车产业

　　辽宁沈阳，这座经国务院正式认定的中国东北核心城市，不仅是国家重要的工业基地，也是先进装备制造业的璀璨明珠，享有"东方鲁尔"的崇高赞誉。她亲历了新中国工业从零起步的辉煌历程，为构建我国完备的工业体系立下了汗马功劳，更为国家的现代化建设奠定了不可磨灭的基石。作为中国汽车制造业的重镇，沈阳汇聚了丰富的产业资源与完善的配套体系。长期以来，汽车制造业不仅是沈阳的经济支柱，也是各路资本竞相追逐的热点。沈阳与众多汽车巨头深度结缘，通过引入全球顶尖汽车品牌投资建厂，这座老工业城市正逐步完成产业的华丽转身，大踏步向汽车产业挺进。

第 1 章

东方鲁尔

打造亮丽城市名片

辽宁，寓意辽河之畔的永恒安宁，坐落于我国东北的南陲。这片土地被誉为新中国工业的摇篮，是"共和国长子"的荣耀象征，更是全面振兴东北老工业基地的领航者。作为辽宁省的省会，沈阳不仅是中国东北的中心城市，更是国家工业与装备制造业的重要基地，其"东方鲁尔"的美誉响彻四方。她见证了新中国工业从无到有的艰辛历程，为国家的工业体系建设和现代化建设做出了卓越的贡献。

提及德国鲁尔工业区，这个自19世纪中叶崛起的传统工业地域，被誉为"德国工业的心脏"，它位于德国中西部，地处欧洲的交通枢纽，紧邻法国、荷兰、比利时、丹麦、瑞士等工业强国。鲁尔工业区历经工业化、新工业化、区域化、多元化的转型历程，通过产业升级、区域合作、空间拓展及社会治理等多维度路径，成功摆脱了煤炭、钢铁等传统资源的束缚，实现了从传统工业到服务业，再到高新技术产业的华丽蜕变，成为了老工业基地复兴的典范。

在世界著名的老工业基地中，德国鲁尔区的转型之路无疑是最为成功的案例。自19世纪中叶以来，鲁尔区的发展轨迹可划分为工业化兴盛、后工业化衰退以及转型与复兴三大阶段。其中，转型与复兴期（20世纪60年代至今）尤为艰难，经历了资源枯竭、企业没落的阵痛，但经过60余年的不懈探索，鲁尔区成功实现了产业结构的多元化、工业体系的现代化，推动了地区的全面复兴。

东北老工业基地为我国工业体系的完善和现代化建设做出了历史性贡献，但在衰退过程中也面临了一系列经济、社会和空间挑战。借鉴国际经验，发达国家的老工业基地普遍经历了从兴盛到衰退的历程，而转型探索则是破局与发展的必由之路。因此，鲁尔区在创新产业集群布局、知识经济空间发展、土地集约利用、工业遗产保护更新、公共设施改造升级以及智慧城市战略实施等方面的宝贵经验，对全面振兴东北老工业基地、推动沈阳城市的焕新蝶变具有深远的借鉴意义。

2003年，沈阳这座工业老城迎来了新的篇章——华晨宝马汽车制造有限公司的落户。

1.1 发展历程

1.1.1 宝马在中国

宝马公司（BMW，Bavarian Motor Works），全称巴伐利亚发动机制造厂股份有限公司，自1916年创立以来，已从一家飞机发动机制造商成长为全球知名的豪华汽车制造商，总部坐落于德国巴伐利亚自由州的慕尼黑。在中国市场，宝马集团一直占据着举足轻重的地位。自1968年初进入中国市场以来，宝马集团于1994年4月在北京设立代表处，正式拉开了中国大陆市场的序幕。2003 年 3 月，宝马集团与华晨中国汽车控股有限公司缔结合资协议，生产基地落户沈阳。同年 5 月，华晨宝马在沈阳市大东区正式注册成立，标志着宝马集团从单纯的进口商转变为本地生产厂商，开启了中国发展的新篇章。2021 年 12 月，宝马集团宣布中国战略升级，强调"中国优先"，在新产品开发中充分考虑中国市场需求，不断深化与中国合作伙伴的共创共赢。宝马集团正加速在中国的电动化、数字化和可持续发展进程，与中国保持同步共进。2022 年 9 月，宁德时代与宝马集团宣布达成长期合作协议。2023 年 5 月 18 日，华晨宝马汽车有限公司迎来了 20 周年的辉煌庆典。

从 2015 年华晨宝马生产线第 100 万辆车的下线，到 2023 年第 500 万辆车的诞生，华晨宝马仅用了短短 8 年时间便实现了从 100 万辆到 500 万辆的跨越。如今，华晨宝马沈阳生产基地的年产能已达到 83 万辆，成为全球最重要的新能源汽车生产中心之一，为沈阳高端制造产业集群的蓬勃发展注入了强劲动力。华晨宝马在中国发展时间线见图 1.1-1。

图 1.1-1　宝马品牌在中国发展时间线

（图片来源：根据新闻报道及宝马中国官网公开信息整理绘制）

1.1.2　中建安装在汽车工厂建造领域的卓越贡献

汽车产业作为工业发展的重要支柱，不仅关乎国民经济的繁荣，更在完善和提升工业产业链中发挥着举足轻重的牵引作用。自改革开放以来，中国经济实现了腾飞，汽车产业也迎来了前所未有的发展机遇。国家政策的放开和支持，吸引了众多国际汽车制造商纷纷涌入中国市场，推动了中国汽车产业的快速起步和发展。在这一进程中，中建安装始终紧跟时代步伐，凭借卓越的专业能力和丰富的项目经验，在过去十余年中成功承接了 20 余个汽车工厂项目，为中国汽车产业的蓬勃发展贡献了重要力量，详见表 1.1-1。

中建安装汽车工厂项目代表业绩统计表　　　　　　　　　　　　　　　　表 1.1-1

序号	项目名称	开竣工时间	地点
1	大连机车旅顺基地一期建设项目城轨车辆备料厂房钢结构工程	2010.08-2011.12	辽宁大连
2	北京现代汽车有限公司第三生产厂区	2011.03-2012.05	北京顺义
3	凯旋汽车零部件制造（大连）有限公司焊装车间和冲压件库建设工程	2012.06-2013.01	黑龙江大庆
4	米其林沈阳轮胎有限公司高性能子午线轮胎环保搬迁及扩产项目二期机电安装工程	2012.08-2014.05	辽宁沈阳
5	奇瑞量子汽车有限公司年产 15 万辆汽车常熟合资项目	2012.07-2013.11	江苏常熟
6	凯旋汽车零部件制造（大庆）有限公司汽车底盘零部件项目二标段	2013.01-2015.04	黑龙江大庆
7	华晨宝马发动机工厂建设项目之机电工程第一标段	2013.09-2014.08	辽宁沈阳
8	奇瑞捷豹路虎汽车有限公司年产 13 万辆乘用车合资项目冲焊联合厂房、综合站房及涂装车间	2013.11-2014.06	江苏常熟
9	北汽新能源汽车莱西生产基地项目	2014.11-2015.10	山东莱西
10	奇瑞捷豹路虎汽车有限公司焊装厂房机电工程	2015.06-2015.10	江苏常熟
11	吉利汽车项目一期、二期项目	2015.08-2016.05	陕西宝鸡
12	长城汽车股份有限公司徐水哈弗分公司整车厂三期厂区建设项目	2015.10-2018.02	河北保定
13	南京依维柯汽车搬迁项目桥林总装旅行车公用动力安装工程	2016.04-2017.08	江苏南京
14	淄博高新区新能源汽车产业基地项目	2016.04-2017.01	山东淄博
15	一汽－大众汽车有限公司天津工厂项目涂装车间及车身编组站工程	2016.08-2019.10	天津滨海新区
16	特斯拉超级工厂项目（一期）附属工程及设施总承包工程	2019.04-2019.10	上海浦东
17	红旗长春基地 HE 焊－涂联合车间机电安装工程	2019.05-2019.11	吉林长春
18	华晨宝马产品升级项目（大东厂区）NEX 冲压车间（二期）机电工程	2019.06-2021.05	辽宁沈阳
19	华晨宝马产品升级项目（铁西厂区）车身车间一期、冲压车间一期机电标段	2020.04-2021.11	辽宁沈阳
20	一汽解放汽车有限公司新建 J7 智能装配线项目	2020.08-2021.05	吉林长春
21	华晨宝马汽车有限公司产品升级项目（大东厂区）-涂装车间再扩建-涂装车间（三期），新制冷站，管廊，CBS 连廊，中水站（三期），危险品库（二期）机电工程	2022.04-2023.12	辽宁沈阳

1.2　践行匠心品质理念

中建安装始终坚守工匠精神，践行"匠心品质理念"，将"品质至上"视为企业可持续发展的基石。

匠兴品质的理念包括：严格遵循规范标准、精细化管理、注重细节、选择高质量材料和设备、强调团队协作、注重工艺技术、完善的售后服务。

我们弘扬工匠精神，树立底线思维，致力于通过最具价值的投资、精心的设计、匠心的建造以及精益的管理，打造出项目最优、管理最强、服务最好的高品质产品与服务。这些努力旨在满足不同利益相关方的当前与长远需求，为社会经济发展提供坚实支撑，同时惠及国计民生，筑基"中国质量"，打造享誉全球的"中国建造"名片。

在品质保障方面，我们从思想、经营、管理、做事、做人五个维度进行全方位延伸管理，传承并弘扬工匠精神，实现智慧化建造精品工程。在思想层面，我们坚定信念，认为品质重于泰山、品质高于一切；在经营层面，我们注重发展的品质和管理效益，坚定走产业数字化、数字产业化之路，同时秉持生态优先、绿色发展的理念；在管理层面，我们严格遵守国际品质管理的基本原则和要求，积极运用国际先进的品质管理方法工具，全面落实规范化、标准化、精细化的管理理念；在做事层面，我们恪守信诺，执着专注，精益求精，一丝不苟，追求极致；在做人层面，我们坚守品德为先，绩效为重的道德高地，以高尚的品德和卓越的绩效赢得客户的信赖和尊重。

在华晨宝马汽车工厂的建设过程中，无论是系统管线的安装调试，还是焊接工艺的精湛技艺，都无不体现出我们工程人员的精雕细琢和匠心建造。项目以"独具艺格、智创新界"为设计理念，以"科学创新、客观合理"为管理核心，以"绿色、节能、环保"为宗旨，以"策划先行"为精品建造基石。在组织模式、设计管理、进度管理、质量管理、安全管理等各个方面，我们都无一不体现出对精品工程的不懈追求。

在华晨宝马汽车工厂的一系列项目施工中，我们秉承着"品质至上"的理念，并成功融合了业主的"精益、绿色、数字化"的理念。在项目全过程管理中质量、安全、进度等多方面都有着精细的管理要求，配合多项先进施工技术的应用，我们打造出了令人瞩目的精品工程，实现了完美履约、交付精品工程的目标。

精诚所至，金石为开。华晨宝马汽车有限公司产品升级项目（铁西厂区）在2022—2023年度中国建设工程鲁班奖（国家优质工程）评审中脱颖而出，荣获嘉奖，这是对我们匠心品质理念的最好诠释。

1.3　践行精益建造理念

"精益建筑"总体概念涵盖精益设计、精益建造、精益交付、精益运营与精益设备五大部分。其中，精益建造作为华晨宝马精益建筑理念的核心组成部分，与精益设计和精益交付两个阶段紧密相连、相互渗透。

华晨宝马用精益管理来定义其生产系统的新驱动力，采用高效和高度灵活的生产方式，使所有流程更易于集成和更具可变性，特别是能够将不同驱动类型和车辆型号架构集成到同一条生产线上的能力。

1. 精益建造概念

精益思想涵盖了精益人生、精益社会、精益供应链、精益物流和精益战略等一系列理念，其核心在于用最少的工人、物资设备，在最快的时间和狭小的场地内创造出最大的价值，同时最大化满足客户的需求，为他们提供最大的帮助。经过实践和延伸，精益思想现已成为一种普遍的管理理念，并在各行业得到了广泛应用。

精益建造的概念由丹麦学者 Lauri Koskela 于 1993 年正式提出。他定义精益建造为一种贯穿建筑项目全生命周期的生产管理系统，通过需求管理实现材料、时间、劳动力等资源的浪费控制，同时最大限度地发挥投入资源的价值。精益建造是基于精益思想的建筑生产管理理论，面向建筑产品的全生命周期，以顾客需求为中心，构建了工程建造价值链，并持续减少价值链上的浪费。它涵盖的范围广泛，建立在价值理论、流动模型理论和转化理论三个基础理论之上，同时包含了经营哲学、经营理念、管理理论和管理方法等方面的理论体系。

2. 精益建造的目标

精益建造更注重建造产品的整个生命周期。研究精益建造，其实是探讨精益思想在建筑行业中的具体应用问题，以达到建筑项目管理的三个目标：建造生产的顺利完成、资源耗费的最小化、价值创造的最大化。与传统的大规模建造生产系统相比，精益建造能够消耗最少的人员、空间、资本和时间，生产出缺陷最小的产品，更精确地满足客户的要求。从字面含义来看，"精"体现在质量上，追求尽善尽美、精益求精；"益"则表现在成本上，只有通过降低项目成本至其他企业的平均成本以下，建筑企业的发展才能获得经济收益。

工程项目应用精益建造的目标是减少浪费，包括现场的浪费和职能部门的浪费。现场的浪费包括制造过量的浪费、等待工作的时间浪费、运送构配件的浪费、加工建造本身的浪费、库存的浪费和多余动作的浪费；职能部门的浪费则包括部门间配合不到位、协调不通畅、各自为政推诿扯皮的浪费。应用精益建造，需要减少施工工序，避免作业面的闲置，提高资源使用效率，减少不必要的措施投入。最终达到零浪费、零库存、零缺陷、零事故、零返工的目标。

3. 精益建造的应用价值

精益建造的应用，旨在通过不断迭代优化，削减冗余工序，从而显著提升工程项目的品质与效率。项目致力于打磨升级工艺技术，力求一次性达到优质标准，大幅减少质量瑕疵，确保每一项工程都精益求精。通过实施严格的措施控制，保障施工措施的安全落地，为项目顺利进行提供坚实保障。在工序流程上，项目部精心排布，优化穿插，严格管控关键节点的工期时间，有效降低闲置工作面的出现，提升整体施工效率。

同时，我们对全过程质量进行系统性规划与控制，构建标准管理环境，旨在降本增效，减少质量风险，提高资源利用率，实现项目的高效运转。精益建造理念，正是通过价值工程来降低成本，增强企业的市场竞争力，提升经济效益，确保企业的持续稳定健康发展。这一先进理念，旨在全面提升项目的精细化管控水平，化解项目管控风险，提高企业的均质履约能力。

精益建造以精益思维为基础，通过消除浪费、提高生产效率和质量，实现项目的优化与增值。它能够从建筑施工企业的发展理念、生产流程、管理效率等多个方面进行改善与优化，真正推动企业实现高质量发展。将精益建造理念落实到建设项目层级，面向"建筑产品"建造实施的生命周期，合理组织工序穿插，将成为提升项目整体效益的有力抓手。

4.精益建造管理理念的深入解读

精益建造在开工前的三到六个月内尤为关键，当然，具体的提前量还需根据项目的规模和计划进度来灵活调整。尽管如此，精益建造管理的确立应越早越好，并需涵盖所有参与者和项目阶段，以确保项目的顺利进行。

华晨宝马项目在执行阶段采用了 3-Level- 模型（三阶模型）来实施精益建造管理。该模型采用分层结构，由宏观、标准和微观三个层次组成，从宏观到规范层次的细节水平逐渐提高。这三个层次相互依存、相互支撑，共同构成了项目管理的完整框架。

（1）宏观层面：主要树立里程碑，为项目设定明确的目标和时间节点。

（2）标准层面：注重平衡产品生产，确保各项工序的顺利进行和资源的合理分配。

（3）微观层面：则关注实现任务目标的具体操作路径，确保每一项任务都能够精准执行。

执行过程在三个层次中逐一细化，每个层次都在处理不同的信息，并根据用户需求降低复杂性。这种分层管理的方式，确保了流程的效率和整体程序的最优化。同时，华晨宝马汽车工厂项目精益建造管理理念还提供了一套广泛的工具和方法，有助于有条不紊地实施精益原则。

通过让所有参与者在早期阶段就参与进来，精益方法确保了项目的透明度，并在共同制订流程计划的基础上对项目达成共识。这种参与式的管理方式，使得设计过程变得更加稳定可靠，资源分配更加合理有效。最终，设计过程得到加强，为施工阶段奠定了坚实的基础，同时提高了项目性能，确保了项目的高效实现。

1.4 践行绿色建造理念

绿色建造理念是以资源的高效利用为核心，以环保优先为原则，统筹兼顾，实现经济、社会综合效益最大化的绿色施工模式。"绿水青山就是金山银山"，绿色建造已成为建筑行业施工技术发展的必然趋势，其实现方式：一是采用绿色建材，减少资源消耗；二是清洁施工过程，控制环境污染；三是加强施工安全管理和工地卫生文明管理。在绿色建造理念下全生命周期的建造过程应革故鼎新，不断优化施工方法和工艺，并采取切实有效的技术措施合理利用自然资源，保护环境。

绿色工厂建造是一个整体策略，采用高效节能设备、用能计量、节能控制和能量回收等方面的节能措施。核心关键在于绿色技术创新驱动建造资源和能源系统的绿色化处理能力，进而完成对原有建造方式的更新替代。该建造模式从全生命周期的视角出发，对工厂规划、设计、施工、运营维护拆除以及建筑材料的研发、运输、使用等各项环节进行绿色化改造,从而达到控制建造过程中废弃物的排放,提高资源利用率的目的。

1. 在筹建华晨宝马沈阳工厂项目前期阶段,业主方与设计方、施工方、监理方达成高度一致,明确了绿色建造、可持续发展的设计立意,并且将绿色建造理念贯穿设计阶段、建设阶段、运营阶段。

(1)"海绵工厂":厂房散水采用透水砖和碎石敷设,透水率 51.26%;厂区绿化率达 15%,绿化带中设下沉式绿地,用于雨水调蓄。

(2)应急虹吸雨水系统:应急虹吸雨水直接排至应急雨水池。

(3)智能建筑 BAS 系统:通过智能建筑 BAS 系统,对总装车间天窗、照明、通风、消防等系统集中管理监控,总控中心可以实现双向读取各处用能情况,自动调节,实现了安全、环保、节能的目标。

(4)智能照明系统:采用 LED 光源、DALI 智能照明系统(Digital Addressable Lighting Interface)。系统可自动分析照度需求、调节能源使用状态,节约了施工生产过程中的照明能耗,真正做到了绿色生产。

(5)智能新风系统:先进的屋顶通风系统采用自然通风的设计,结合大型智能新风机组系统,在夏季和过渡季通风时,充分利用室外天然冷源,节约能耗;通过屋顶机械间的热回收机组,回收排风中的热量,热回收效率 ≥ 70%,并利用车间工艺循环水中的余热,节约大量电力能源。

(6)水循环利用系统:100% 可再生水用于工艺过程,总装车间车辆清洗和淋雨测试工位的水循环,水资源循环利用率高达 90%。

(7)能量回收系统:总装车间轮毂测试工位的能量回收系统可将回收的动能转化为电能进行再利用。

(8)主动控制柜系统:冲压车间主动控制柜系统通过提高能效和避免冷却水使用,可减少约 5% 的用电量。

(9)压缩空气智能控制系统:能源大厅压缩空气智能控制系统采用智能控制设备启闭时间,调节生产气量与使用气量达到 1:1 完美匹配,整机通过 EMC 欧洲电磁兼容性认证测试。供电系统并列运行提高稳定性、可靠性和变压器的运行效率。

在"绿色工厂"大背景下,华晨宝马汽车工厂在建设阶段始终秉持着可持续发展理念,以"绿色、节能、环保"为宗旨。

在能源方面,优先考虑太阳能、地热能等可再生能源,以减少对传统能源的依赖。同时对工艺冷却循环水中余热进行回收,为空调机组新风预热。

在建材方面,围护结构、门窗幕墙、防水材料、建筑涂料、给水排水及水处理设备等均优先使用绿色建材(图 1.4-1)。与传统的建筑材料相比,绿色建材可以在生产、使用、回收等环节中减少对环境和人体的危害,具有更好的环保和健康效益。

2. 在建造过程中最大程度地减少能源浪费和环境影响,主要体现在以下四个方面:

(1)节能方面:生产作业区采用高效节能设备;500km 以内生产的建筑材料设备占比应大

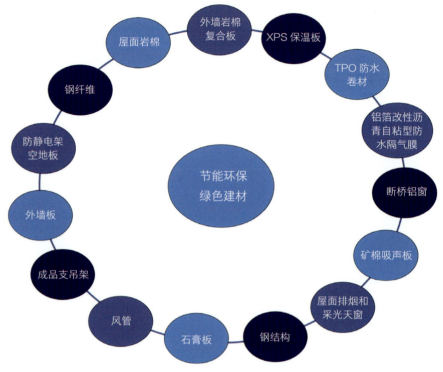

图 1.4-1 宝马项目节能环保绿色建材应用

于 70%;节能材料与保温材料的选择,办公区节能照明灯具使用率达到 100%,定期进行核算;现场采用成品水箱,办公区采用声控、定时节能灯具,现场配置太阳能路灯。

(2)节水方面:节水定额指标纳入分包合同条款,安全节约用水,进行计量考核。生活用水采用节水系统和节水器具,配置率达 100%。施工现场设置集水坑收集雨水及污水,沉淀后用来养护、冲洗车辆、绿化浇灌等,有效节水。应用透水砖铺装地面,养护用水覆盖,宣传节约用水理念。

(3)节材方面:利用物联网技术管控物资、设备,提高材料管控水平;建筑信息模型(Building Information Modeling,简称 BIM)技术正向设计;混凝土柱脚模板工具式、加强周转;办公室、保安亭、防护棚等临建设施预制装配化;建筑信息化模型,通过施工模拟、虚拟样板、三维技术交底等;建筑垃圾分类回收再利用,定期清运。

(4)环境保护方面:施工现场出口设置洗车槽;运送土石方、垃圾等车辆封闭严密;扬尘自动监测,围挡设置自动喷淋系统,雾炮机和洒水车定期降尘;利用施工现场的空闲地进行绿化、美化和保护环境;进出场车辆及机械设备有害气体排放查验,符合国家年检要求;设置化粪池定期清理;机械、设备应定期保养维护。在施工场界对噪声进行不定期监测与控制;进出场车辆限速 20km/h;施工现场裸土 100% 覆盖。

(5)在施工阶段,使用自动化机械加工设备实现模块化生产,实现管道的组对与自动焊接,并通过管段、型钢框架、惯性平台等进行模块化组装,检验加工精度保障装配质量。在工厂化预制、装配化模块组装的过程中进一步提高了施工现场的绿色施工品质。

（6）在建筑运营阶段，智能建筑管理系统被广泛部署在厂房和办公楼内，涵盖了逾万个监控探测器，这些探测器覆盖了空调、照明、电力等多个方面。这些系统通过 24h 不间断地监测，实时收集能源使用数据，进行系统分析，并根据需求调节能源使用状态。这种智能管理不仅提高了能源效率，还降低了运营成本，使建筑实现了真正的绿色生产，为未来可持续性发展奠定了坚实的基础。

团队的绿色施工理念将可持续发展与创新技术相结合，实现了从项目起始、施工到运营全过程的可持续性。通过智能建筑管理系统的应用，团队能够 24h 不间断地监测和优化能源使用，真正实现了绿色生产。

1.5 践行数字建造理念

数字化建造是以数字化方式作为技术手段，通过数字化技术辅助工程建造，驱动工程建设管理方式和建造过程的数字化转型，实现工程建设过程的精益建造。

近年来，数字化建造为整个建筑行业带来了前所未有的机遇与挑战，中建安装一直紧跟行业发展步伐，提升企业核心竞争力，探索数字化、信息化、智能化、绿色化多元融合的发展之道。通过近 20 年数字化设计、模拟建造技术在实际项目中的磨合锤炼，目前中建安装项目数字化设计覆盖率超过 90%，通过数字模拟、预制加工、装配式建造的应用，有效缩短工期。在华晨宝马汽车工厂项目数字化建造技术主要应用三维深化设计、模块化建造技术、智慧化管理技术和可视化运维技术四个板块。

1. 数字化设计技术

数字化设计技术，在提高建筑机电深化设计中发挥着不可替代的重要作用。基于数字化深化设计技术的"华晨宝马 BIM 协同平台"以建筑信息组织标准为基础，是基于互联网模式的工程建设各参与方协同工作的平台，服务于华晨宝马汽车工厂的所有参与方。

该平台贯穿整个项目实施周期，为各参与方提供数据交互、设计协同、成果展示等功能，实现项目 BIM 协同设计管理、BIM 的动态成本管控的同时，提高 BIM 深化设计人员的协同工作能力以及工作效率。在项目实施准备与实施过程中，利用 BIM 协同平台建立适合项目的深化设计标准、族库和精细化样板文件，由项目负责人统一进行 BIM 的深化设计、维护和管理，为华晨宝马汽车工厂项目的深化设计工作的一致性和集成性提供保障，提高整个项目团队的工作质量和效率。

2. 模块化建造技术

在 BIM 深化设计、机电系统集成的基础上，结合现场实际情况、运输情况及加工场情况等综合因素进行模块的拆分，把传统建造方式中的大量现场作业工作转移到工厂进行，在工厂加工制作好机电部品部件（如机房泵组模块、支吊架、标准层预制管段、组合窗台、组合灯盘等），运输到施工现场，通过可靠的连接方式在现场装配安装。利用模块智能管理平台，结合 BIM 云算量工具，实现机电部品部件深化设计、现场复核、图纸输出、工厂预制、模块运输、现场安装的全流程、全要素（人、机、料、法、环、进度、质量、成本等）智能动态管控。具体实施流程示例如图 1.5-1 所示。

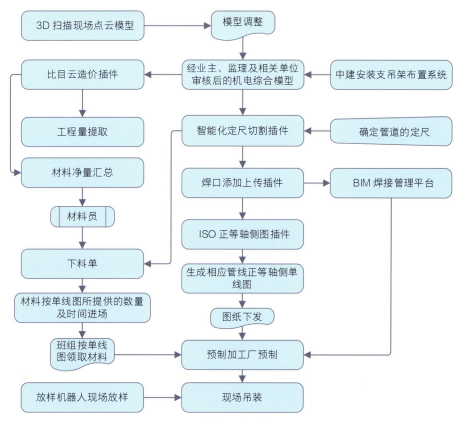

图 1.5-1　模块化建造流程示例图

在华晨宝马系列工程中，我们实现管道模块下料、坡口加工、焊口组对、管道焊接等机械化自动加工，有效解决现场施工受限等问题，提高工效，减少劳动力投入，改善施工人员操作环境，实现绿色智能建造，全面提升建筑质量、效益和品质。

3. 智慧化管理技术

在数字化建造过程中，现场管理决定了施工阶段建造的品质，决定了客户的经济效益。现场管理的智慧化应用，是建立在高度信息化基础上的一种新型管理应用模式；是将物联网、云计算、大数据、智能设备等新型技术融合应用；是将科学技术与一线相连接，提高生产效率、管理效率和决策能力的重要手段。建筑数据模型中的信息随着华晨宝马汽车工厂建筑全生命期各阶段（包含规划、设计、施工、运维等阶段）的展开，逐步被累积。

将数字技术与机电施工现场的作业活动有机结合，构建工程物联网，全面、及时、准确地感知工程建设活动的相关要素信息，如借助数字传感器、高精度数字化测量设备、高分辨率图像视频设备、三维激光扫描、工程雷达等技术手段，实现工地环境、作业人员、作业机械、工程材料、工程构件的泛在感知，形成透明工地。

　　根据项目现场业务管理的逻辑，实现建造业务的数字化和建造数据的业务化，建立贯穿项目生命周期的一体化综合管理平台。一体化综合管理平台围绕华晨宝马汽车工厂总体架构，实现平台层、应用层、展示层各项功能，能够最大限度发挥智慧建造平台的智能化优势，充分将平台各功能模块联动协调，让机器语言充当人的助手，增加数据的可读性；使得施工现场的管理更加的"智慧化"，将"建筑大脑"引入到建筑施工现场管理的科学分析和决策当中。

　　4. 可视化运维技术

　　可视化运维技术是将物联网、大数据、BIM、地理信息系统（Geographic Information System ，简称 GIS）、云计算、人工智能等多种新型技术进行有效融合，并通过可视化运维平台及各类信息化平台加以展示与应用的复合型技术。利用 BIM 提供的虚拟建造，可以完成施工现场管理、施工进度模拟、施工组织模拟、三维管线综合施工的预先演练。

　　物联网技术在机电工程运维阶段中的应用，体现在对机电子系统的运行状态监测、运行数据采集以及部分系统的运行控制与联动控制上。空间优化、管线综合排布是机电 BIM 应用的核心，也是其他深度 BIM 应用的基础，做好机电管线综合排布是机电 BIM 应用成功的关键。

　　机电系统作为华晨宝马汽车工厂的"心脏和血管"，系统的运维管理需要高效、稳定的信息化管理系统，将运行状态、维修状况、客户需求信息有机融合、统一分析，提供直观、准确、多维度的辅助决策信息和控制手段。

　　机电运维管理系统作为客户重要信息化管理工具，需要将工程设计阶段、施工阶段各类数据成果作为基础，通过系统的可靠性、兼容性和扩展性，实现"全要素、全方位、全流程"智慧化运维管理要求。机电运维管理系统可以积累海量的数据，包括工程环境数据、产品数据、过程数据及生产要素数据。通过设定学习框架，以海量数据进行自我训练与深度学习，实现具有高度自主性的工程智能分析，支持工程智能决策。通过持续学习和改进，克服传统的经验决策和基于固定模型决策的不足，使系统运维更具洞察力和实效性。

第 2 章

精品工程

铸就超级工厂

自 2012 年起，中建安装携手华晨宝马集团，在沈阳先后参与建造了华晨宝马汽车有限公司的动力总成工厂、铁西工厂、大东工厂、里达工厂等一系列工程项目。随着汽车制造的技术迭代与市场需求的调整，华晨宝马汽车沈阳生产基地在过去的十余年里，历经了新建与多次改建、扩建。

中建安装也在一次次的淬炼中不断地完善自我，秉承着建造精品工程的理念，对每一个工程细节的极致追求、对新兴工艺不断创新的执着探索、对工匠精神的传承与发扬，传承匠心精神、智造精品。

从 2012 年动力总成工厂荣获"中国安装之星"到 2022 年获得中国建设工程"鲁班奖"，十余年间我们不断地探索新技术、总结新成果、完善管理流程。如今我们用"绿色、精益、数字化"来诠释一个超级汽车工厂。

2.1 四大厂区

华晨宝马集团在沈阳共有四大厂区：铁西工厂、动力总成工厂、大东工厂、里达工厂，如表 2.1-1 所示。

1. 铁西工厂

铁西工厂—宝马在中国的第一个整车工厂。建设始于 2010 年 6 月，仅用时 18 个月，工厂首期工程即告完工。2012 年 5 月 24 日，铁西工厂开业典礼隆重举行。这座占地面积超过 $2km^2$ 的汽车工厂拥有现代化汽车制造的完整四大工艺。2017 年初，经辽宁省旅游景区质量等级评定委员会组织评定，铁西工厂正式获批为国家 AAAA 级旅游景区，是国内汽车行业首家及唯一获此殊荣的汽车生产制造厂，成为国内工业旅游项目的典范。这座工厂被宝马集团称为

四大工厂信息概况表   表 2.1-1

工厂名称	奠基时间	投产时间	占地面积	地理位置	工艺车间及基础设施
铁西工厂	2010.6	2012.5	$2.0km^2$	辽宁省沈阳市铁西区宝马大道 1 号	冲压车间、车身车间、涂装车间、总装车间
动力总成工厂	2013.8	2016.1	$0.9km^2$	辽宁省沈阳市经济技术开发区	铸造、机加和总装以及完整的动力电池制造工艺，动力总成质量及性能测试中心和大型物流中心等设施
大东工厂	2014	2017.5	$0.91km^2$	沈阳市大东区山望北街	冲压车间、车身车间、涂装车间、总装物流车间。铁路专用线、长路试跑道、分布式光伏发电系统、热电联项目
里达工厂	2020.4	2022.6	$2.9km^2$	辽宁省沈阳市经济技术开发区	冲压车间、车身车间、涂装车间、总装物流车间

图 2.1-1　铁西工厂车间

"宝马全球最具可持续性的工厂之一",如图 2.1-1 所示。

2. 动力总成工厂

动力总成工厂—宝马在德国本土外的第一个发动机工厂。是目前宝马集团最新的一家动力总成工厂,该厂位于辽宁省沈阳市经济技术开发区,占地面积 0.9km²。2013 年 8 月开工建设,2016 年 1 月正式开业。根据世界级的工厂规划,动力总成工厂拥有发动机制造的完整工艺,即铸造、机加和总装以及完整的动力电池制造工艺。工厂还配有动力总成质量及性能测试中心和大型物流中心等设施。动力总成工厂毗邻铁西整车厂及其里达厂区,由此实现更为高效的生产流程,如图 2.1-2 所示。

3. 大东工厂

大东工厂—宝马 5 系 Li 在这里诞生。宝马汽车进入中国市场以来最成功、销量最大的单一车型,是宝马汽车实现国产化新的起点,大东工厂见证了华晨宝马在中国成功发展的完整历程。本工厂一直伴随市场发展而不断扩建,2014 年开始,华晨宝马在沈阳东北部扩建出一座具备完整四大工艺的新工厂,并于 2017 年 5 月正式开业,随着工厂业务逐步攀升,在 2022 年 4 月,产品升级项目(大东厂区)顺利完工,该项目占地面积达 91 万 m²,在原有新工厂的基础上将四大工艺车间进行扩建,包括冲压、车身、涂装车间,以及带有两条独立生产线的单屋顶总装物流车间,并新建铁路专用线、长路试跑道、分布式光伏发电系统、热电联项目等基础设施,如图 2.1-3 所示。

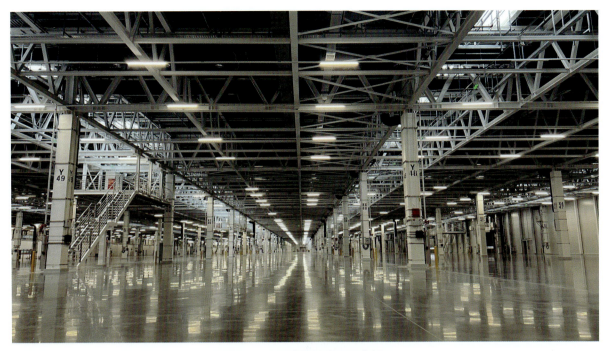

图 2.1-2　动力总成工厂车间

图 2.1-3　大东工厂车间

图 2.1-4　里达工厂车间

4. 里达工厂

里达工厂—宝马第一座新能源整车在这里诞生。里达工厂遵循了 BMW iFACTORY 生产网络全新标准，是华晨宝马生产基地大规模升级项目，整体建筑面积有 2.9km^2，相当于 406个标准足球场。2020 年 4 月动工，2022 年 6 月实现量产，这么大的厂区面积，从开工到投产却仅仅用了 2 年的时间，完美地将德国技术和中国速度结合到一起。根据世界级厂区的规划，里达厂区拥有现代化汽车制造的完整四大工艺，冲压车间、车身车间、涂装车间和总装物流车间。里达厂区的整体设计以电动车生产为导向，但同时也能灵活、高效地生产其他所有的车型。2022 年 6 月 23 日，华晨宝马里达工厂在沈阳正式开业。华晨宝马里达工厂是宝马集团位于沈阳的第三座整车工厂。该项目总投资 150 亿元人民币，是目前为止宝马在华单项投资历史之最，如图 2.1-4 所示。

2.2　七项工程

2.2.1　工程概况

中建安装承建的华晨宝马七项工程，见表 2.2-1。

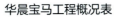

华晨宝马工程概况表 表 2.2-1

序号	工程名称	建设时间	工程内容	所属厂区
1	发动机工厂建设项目之机电工程	2013.09—2014.08	建筑总面积为 12380m²，主要建筑包括能源中心一、能源中心二和地下能源管廊，车间建筑高度 11.6m，结构形式为框架结构。施工内容包括 1# 能源中心、2# 能源中心、能源管廊、一期范围内外场的机电安装、一期包括在铸造车间和发动机械加工车间内所有的电气中压开关站及变电所、能源走廊内土建钢平台，以及部分楼宇控制系统的仪表和设备安装等	动力总成工厂
2	发动机工厂二期建设项目南机械加工车间机电工程	2015.10—2016.06	建筑总面积为 16541m²，主要建筑包括南机械加工车间，车间建筑高度 12.85m，钢结构厂房。施工内容包括给排水系统（包括消防水）、暖通系统（包括热水、冷冻、冷却）、压缩空气系统、电气变配电系统、照明系统、火灾自动报警系统、通信系统的管路敷设，以及部分楼宇控制系统的仪表和设备安装	动力总成工厂
3	产品升级项目（大东厂区）NEX 冲压车间（二期）机电工程	2022.10—2023.03	建筑总面积为 23879.28m²，包括冲压生产车间、开卷线及试模压机区、冲压件储存区、废料处理间和辅助用房以及机电平台。车间建筑高度 25.15m。施工内容包括给排水系统（包括消防水）、暖通系统（包括热水、冷冻、冷却）、压缩空气系统、电气变配电系统、照明系统、火灾自动报警系统、通信系统的管路敷设，以及部分楼宇控制系统的仪表和设备安装	大东工厂
4	产品升级项目（里达厂区）车身车间一期、冲压车间一期机电工程	2020.04—2021.11	建筑面积合计 116035.36m²，主要建筑包括车身车间一期和冲压车间一期，车间主体为一层，局部二层，主厂房为钢柱钢桁架结构，屋顶机械间为门式刚架结构。其中车身车间一期建筑面积为 81572.36m²，建筑高度 16.900m；冲压车间一期建筑面积为 34465m²，建筑高度 16.9m。施工内容包括暖通系统（包括热水、冷冻、冷却）、给水系统（含消防水）、电气系统（含消防电）、压缩空气系统、通信配套系统、弱电配套系统、楼宇自动化配套系统、装修工程、临时采暖工程等	里达工厂
5	产品升级项目（大东厂区）涂装车间再扩建 - 涂装车间机电工程	2022.04—2023.12	建筑总面积 20455.86m²，主要建筑包括新制冷站、管廊、CBS 连廊、中水站（三期）、危险品库(二期)，车间建筑高度 22.9m，结构形式为钢结构。施工内容包括新制冷站、管廊、CBS 连廊、中水站（三期）、危险品库（二期）土建装饰工程，压缩空气系统（含新建空压站）、动力热水系统、燃气系统、采暖系统（包含大东厂区热水平衡调试）、空调与通风系统、排烟系统、给水系统、生活热水系统、循环冷却水系统、消防灭火系统、中水站环保系统、低压配电系统、电气消防系统、照明及插座、等电位连接、弱电系统、楼宇自控系统、IT 工程及部分现有车间拆除及改造等各专业的机电工程	大东工厂
6	全新动力电池项目——2 号总装车间、2 号转运车间机电工程	2023.05—2025.06	建筑总面积 78418.33m²，主要建筑包括 2 号总装车间，主体结构为钢结构，主体建筑高度 13.85m。2 号总转运车间，建筑面积 12472.14m²，主体结构为钢结构，主体建筑高度 10.65m。施工内容包括土建及装修工程、通风与空调工程、给水排水工程、消防工程、冷冻水工程、热水工程、电气工程、动力工程、IT 配套工程、弱电系统配套工程、BAS 工程、临时采暖工程等	动力总成工厂
7	产品升级项目（里达厂区）- 车身车间一期扩建及总装车间东部扩建工程	2023.04—2024.12	建筑总面积 10168.4m²，主要建筑包括车身车间一期扩建及总装车间东部扩建，车间为一层，局部二层，建筑高度 16.9m，主厂房为钢柱钢桁架结构，屋顶机械间为门式刚架结构，施工内容包括建筑、结构、电气、暖通、消防、动力、给水排水、IT、楼宇自动化等	里达工厂

图 2.2-1　冲压工艺示意图

2.2.2　生产工艺

汽车的生产过程就是将原材料转变为成品汽车的全过程，包括生产准备、毛坯制作、零件加工、检验、装配、包装运输、油漆和试验调整等过程，涉及汽车生产工艺学、材料学等一系列复杂严谨的专业知识，主要包括四大关键工艺。

一是冲压工艺：是汽车整车生产的四大工艺之一，冲压加工是借助于常规或专用冲压设备的动力，使板料在模具里直接受到变形力作用并进行变形，从而获得一定形状、尺寸和性能的产品零件的生产技术。冲压工艺在汽车车身制造过程中起着重要作用，尤其是对于汽车车身的大型覆盖件，因为它们大多形状复杂，结构尺寸大，有的是表面质量要求很高的空间曲面。冲压车间一般设有开卷落料线，裁剪的钢板在冲压线上，成堆钢板自动卸堆，然后输送至成型、切割工序。下线的冲压件经三坐标测量仪检测后，运输至车身车间，如图 2.2-1 所示。

二是焊接工艺：是将各个钣金零件连接成一个整体的关键工艺。根据设计要求，将所有钣金零件焊接成白车身。焊接工艺与焊接方法等因素有关，根据焊件的材质、牌号、化学成分、结构类型和焊接性能要求确定操作方法。由于组成车身的钢板较薄，为防止焊接变形，车身焊接以电阻焊为主，CO_2 气体保护焊、螺柱焊、电弧焊、钎焊等工艺方法也在生产中得到应用；在先进的汽车车身生产线上，激光焊接、激光钎焊技术的应用也在逐步增加。

机器人焊接技术具有效率高、焊接质量稳定、自动化程度高、柔性好等优点，在汽车焊接

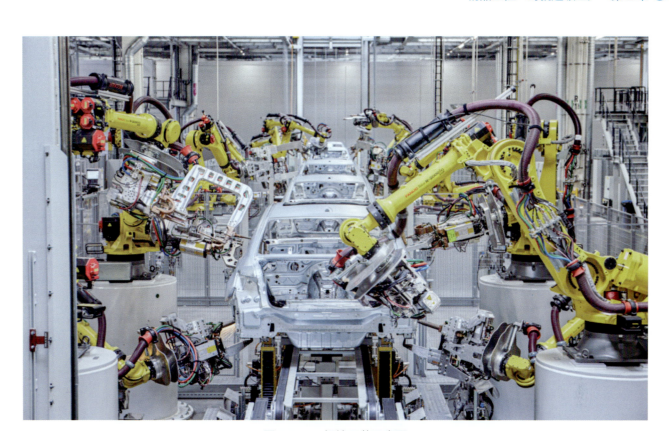

图 2.2-2　焊接工艺示意图

生产中大量采用。焊接机器人包括点焊机器人、弧焊机器人、TIG 焊机器人、激光焊接机器人等，其中弧焊机器人和点焊机器人用量最大。采用机器人焊接，要求零件的一致性好且夹具有很好的定位精度。常用的焊接机器人有 6 个自由度，当机器人与变位机、直线导轨协调工作时，整个机器人系统的自由度数及工作范围都可以增加，能够焊接结构更加复杂的零件，如发动机的进、排气歧管等，也可以二台或多台机器人共同完成取件、定位、焊接等一系列工作，如图 2.2-2 所示。

三是涂装工艺：涂装车间为大批量流水生产，车间主要分为 4 大工序区：

（1）前处理底涂区主要负责前处理、电泳涂装、电泳烘干、密封胶和防震胶、电泳打磨等工作。

（2）中涂区主要负责中涂涂装、中涂烘干、中涂打磨等工作；车身内部中涂采用喷粉工艺。

（3）面漆区（外部颜色涂层）主要负责面漆喷涂、面漆烘干等工作。

（4）收尾区主要负责检查、补漆、部件更换、注蜡喷涂等工作。

涂装车间工艺流程如下：前处理→电泳→烘干→电泳漆打磨→焊缝粗/细密封及放隔声垫→防震胶→车底喷涂→胶烘干→中涂喷漆→中涂烘干→油漆打磨→面漆喷涂→面漆烘干→检查→（合格品）收尾→注蜡→漆后车身存储区。→（不合格品）→修补至合格→注蜡→漆后车身存储区。

涂装车间单层钢结构厂房建筑高度约 22m，流水生产线设备分层上下布置，空间利用率较高，机电安装空间狭小，施工难度较大，如图 2.2-3 所示。

四是总装工艺：是将发动机等内外附件全部组装到车身上，最后变成整车，车辆各项指标

图 2.2-3　涂装工艺示意图

图 2.2-4　总装工艺示意图

检测完毕，车辆即组装完成。总装是汽车制造过程中最后的环节，也是最关键的一环，它保证了汽车的性能和安全性。总装车间主要承担整车装配、检测、调试任务，单层钢结构厂房高约18m，建筑面积超大，工艺设备主要是平面布置安装，如图 2.2-4 所示。

　　四大工艺车间对能源的需求种类可以概括为电力、压缩空气、冷冻水、冷却水、热水、燃气等，车间内公用机电工程也是围绕着上述能源供应所涉及的管线、设备及消防设施、通风空调及 BAS 系统设计并施工的。

2.3　五大特点

汽车生产类厂房特点体现在五个方面：精细化的管理流程、高标准的绿色建造要求，紧密的工序计划排布衔接，复杂的规范和标准要求，空间的高效建造利用。

2.3.1　精细化的管理流程

在参与华晨宝马十余年的建设中，中建安装根据项目的特点，结合华晨宝马业主的要求，不断的改进、总结，完善出一套针对汽车工厂建造的精益化管理流程。

根据工程的建设需求，项目从前期策划、设计、施工、运营都有一套非常细致严谨的管理流程，从工期的精益管理、质量的全方位控制、安全的针对性管控等方面入手，统筹沟通、协调各管理单位、供应商、运营生产部门等，全方位贯彻"零缺陷"管理思想。

结合华晨宝马汽车工厂的建造需求，项目单独成立外联部，主要负责对接华晨宝马业主方（BBA）不动产管理部（BBH-6）、第三方管理咨询公司（PCM）、德方概念设计公司（GD）以及工程监理方等一系列的建设参与方，提炼各方的管理重点并加以总结，形成一套完整的管理方法，实现了"精益管理"应用于实践的目的。

2.3.2　高标准的绿色建造要求

作为扎根本土的国家级绿色示范工厂，华晨宝马将资源优化利用和实现循环经济作为华晨宝马沈阳生产基地可持续实践的核心，将"全链减碳"和"循环永续"为核心的可持续发展理念全面融入到沈阳生产基地的各个环节。

建设过程中对能源再利用、节能减排、建筑材料选用等方面均提出了较高要求。汽车生产工艺中对硅酮极为敏感，为了提高整车涂装的质量，在汽车工厂的建设工程中，所有使用的设备和材料都不允许使用含有硅酮成分的材料，对此控制及检测极为严格。

在建筑材料方面，要求涉外工程材料必须经过 FM 认证或 LEED 认证。在工艺环节，明确为中德两国标准中择高选用；在水资源循环利用和能源回收等方面均高于国内要求。

例如，在华晨宝马铁西工厂建造过程中，要求采用开放式生产线，PM2.5 空气净化系统、隔声降噪等设施、100% 可再生水用于工艺过程，总装车间车辆清洗和淋雨测试工位的水循环生产中水资源循环利用率高达 90%。

2.3.3　紧密的工序计划排布衔接

华晨宝马汽车工厂的建设周期很紧凑，从项目开工建设到产线调试完毕，通常为 24 个月的时间，其中包括土建工程、机电工程、生产工艺设备的安装以及整体调试等工作全部完成。项目管理团队对于计划流程和工序时间交叉要求非常严格，必须严格执行优先工艺的进度计划安排，这就导致有效工期被严重压缩。在常规机电施工完成后，后续汽车生产相关工艺即进场开始安装，因此前后工期区间被锁死，对整体进度计划执行效果要求十分严苛、容错率极低。

例如，在宝马全新动力电池项目 2 号总装车间、2 号转运车间机电安装工程中，涉及里程碑节点 13 项、工程前期准备 56 项、移交及验收 39 项，共包含现场施工工序 1861 项。

2.3.4 复杂的规范和标准要求

华晨宝马汽车工厂定位为世界级工厂，在整个工程建设中执行的标准也在很大程度上执行国际标准。在项目的设计之初即按照国际标准的要求进行设计，所以项目在建设过程中的规范和执行标准，涉及国际、国内多重标准文件的交叉、衔接。这对国内设计团队、施工团队技术人员的专业素养提出了更高层次的要求。

以电气专业为例，在业主方下发的管理文件中要求："本标段所有工作应遵照 GB，CECS，DIN，VDE，ASHARE，IEEE，ISO 相关最新标准及规范"（表 2.3-1）。

电气专业规范标准表　　　　　　　　　　　　　　　　　　　表 2.3-1

标准缩写	全称（英文）	全称（中文）	是否为国内惯用标准
GB	—	中国国家标准	是
CECS	China Engineering Construction Standardization Association	中国工程建设标准化协会标准	是
DIN	Deutsches Institutfur Normung	德国国家标准	否
VDE	Verband Deutscher Elektrotechniker	德国电气工程师协会	否
ASHARE	American Society of Heating，Refrigerating and Air-conditioning	美国采暖、制冷与空调工程师学会	否
IEEE	Institute of Electrical and Electronics Engineers	美国电气与电子工程师协会	否
ISO	International Standardization Organization	国际标准化组织	否

2.3.5 空间的高效建造利用

华晨宝马汽车工厂项目秉承着节能、高效的建造理念，在有限的空间内建设成一个生产效率高，空间占用率小的工厂。密集、精确是整个施工过程中坚持的理念。

华晨宝马汽车生产线的工艺要求高，工程所选设备多为欧标、德标的进口设备，集成化、精密化程度相对较高。其中工艺循环水系统、供配电系统主要为车间内工艺设备提供能源，对水系统及设备的调试，配电系统的安全稳定运行要求非常高。

2.4 五项难点

围绕着节能、高效的建造理念，结合华晨宝马汽车生产工艺要求高的特点，以及对各能源系统管线、设备设施的需求，我们总结出了汽车生产类厂房的建造重难点，体现在五个方面：空间狭小机电管线密集、安装作业操作空间局限、避让工艺生产区域工期紧张、大型设备众多吊装难度大、各系统多单体联合调试复杂。

2.4.1　空间狭小机电管线密集

汽车厂房多为大空间钢结构厂房，机电管线主要分布于钢结构的桁架层和屋面设备机房，系统辐射整个建筑，设备众多，管线密集，且空间受限，对于机电工程空间管理要求较高。

以里达厂区车身车间扩建工程为例，车间包含冷冻水、热水、压缩空气、给水、消火栓、喷淋、循环冷却水七类管线。管线最密集区域要在高度仅为 2.5m、跨度仅为 6.0m 的桁架空间内，布置直径 800mm 的圆形风管 3 道，还有最大管径为 DN350 的保温管道 4 道，平均管径为 DN100 的其余各系统管线 12 道，不同系统类型的桥架 10 道。

2.4.2　安装作业操作空间局限

为满足现有生产工艺需要和未来升级改造预留需求，各工艺厂房多采用大跨度、高举架单层钢结构厂房，桁架与吊顶内的管线、设备安装需要地面模块化拼装后利用曲臂车抬升操作。

例如，在大东厂区 NEX 冲压车间钢结构厂房中，地面完成面距桁架下弦高度为 20.625m，管线安装作业需要借助曲臂升降车抬升。而常见机型曲臂车升降车载重量约为 200kg，每车仅能同时承载 1~2 人。这就需要施工团队提前对管线进行预排布，尽可能地采用共用支架，在地面模块化拼装后再进行吊装，同时用曲臂车将安装工人抬升到相应高度。

2.4.3　避让工艺生产区域工期紧张

相比于新建工程，改扩建项目对施工界面和时间进度提出了更为复杂的要求，因此施工难度更大。

例如，在大东厂区产品升级项目涂装车间再扩建工程施工中，原有厂房生产线作业也在同步进行，留给机电安装接驳施工时间非常有限，这就需要对施工方案做精细化设计，保证在有限时间内完成目标施工内容。

2.4.4　大型设备众多吊装难度大

在建造过程中涉及屋面机械间 AHU 及冷水机组、冷却塔，变电所变压器、低压柜等大型设备众多，因此吊装难度相对较大。

例如，在里达工厂冲压车间项目中，单个冷却塔设备重量就达到 17t，500t 汽车吊距离建筑外立面约 30m，吊装高度达到 17m。

2.4.5　各系统多单体联合调试复杂

多系统联合调试也是宝马汽车工厂系列工程中的一个难点。

例如，在里达工厂冲压车间项目中，就涉及压缩空气系统、热水系统、消防系统、应急发电系统等联合调试，需协调的部门多达 13 个，每次投入专业人员 50 人以上，最长耗时 15h，联合调试难度大。

第二篇

精准设计　引领数字化建造

信息技术和人工智能的迅猛发展使得数字技术在建筑行业发挥了巨大潜力。数字建造强调综合应用数字技术、信息技术和计算机技术来进行建筑工程设计、施工、管理和维护，有助于提升建筑工程全生命周期的效率、质量和可持续性。

BIM 作为华晨宝马系列工厂实现智慧建造的重要依托，本篇结合华晨宝马系列工厂建造过程详细介绍了标准化正向设计的基本特质、应用范围、作用和要求等。同时从 BIM 目标和要求、基于模型的沟通协作、碰撞检测、设计交底及图纸会审等多个方面通俗详实地介绍了数字化正向设计的具体应用和效果。

第
3
章

正向设计

　　华晨宝马系列工厂设计全流程采用绿色工厂设计理念——绿色工厂设计是一种综合性的设计理念，旨在通过采用环保、节能、可持续的生产方式，减少工厂对环境的负面影响，提高资源利用效率，降低生产成本，实现经济效益和环境效益的双重提升。

3.1　设计基本特质

　　BIM 正向设计是相对"BIM 逆向设计"而提出的，是以三维模型为设计核心，通过 BIM 技术完成设计工作并形成设计成果文档的设计模式。BIM 正向设计要求设计师直接在三维模型中表达设计意图，并将问题前置化，实现多专业协同设计和数据共享，以达到生产力的释放和生产方式的转变。

　　BIM 正向设计是建筑信息模型技术在设计阶段的应用方式，它与传统设计方法相比具有明显的特点和优势。

3.1.1　三维模型的应用

　　BIM 正向设计以三维模型为出发点和数据源，完成从方案设计到施工图设计的全过程。这种方法相比传统的二维设计，在设计的水平、质量和效率方面都有显著提高，专业协作更加完善，内容表达也更加丰富。

3.1.2　释放创造力和生产力

　　目前设计人员的创造力和生产力由于传统二维设计工具及手段的制约而受到约束。设计师本该投入到优化设计和创造空间的大量精力流失在了图纸绘制与校核修改上。企业设计师可通过采用 BIM 正向设计模式将花费在图纸与表达上的精力转移到建筑设计本身，进而实现对企业整体创造力与生产力的解放并提高设计效率。在设计成果的展示与沟通中，相较于传统抽象的二维图纸，业主可直接通过 BIM 三维模型进行及时沟通并切实提高沟通效率。

3.1.3　设计问题的前置化

　　在传统设计过程中，当项目提资并更新底图后通常称为一个迭代周期，而 BIM 正向设计的迭代周期则是同步一次模型即完成。通过 3D 建筑模型的同步，不仅时间更短、工序更简捷而且各专业的信息沟通可在平台上更便利、更快速地实现。参与设计的所有专业信息都包含在模型之中，使设计中存在的问题能够直观地暴露在设计者视野之下，有效避免后期返工现象，设计质量得到有效提高。

3.1.4 协调与同步实时进行

与传统二维设计比较而言，BIM 设计本身即拥有协同功能。BIM 三维设计具有迭代周期较短，设计问题暴露较全面的特点。比如结构设计过程中可以将数据关联到机电模型，提前判断布置结构梁形式、预留排布空间给机电管线等。

传统 CAD 模式协同由于地域和技术的限制通常是单向的，比如实际操作中，设计企业的方案组将全套图纸通过压缩包方式传递给施工图绘制组，施工图设计组再以同样的形式交予实际施工现场。而 BIM 技术可以借助协同管理平台来达到跨地域协同的目的，设计各方可在平台上下载并存储实时更新的各专业同步模型，并且各专业可在实时更新的同一模型上进行批注和修改。通过这种方式，各专业的沟通壁垒得到化解并可实现理想化的实时协同。

3.1.5 深层次的信息预留

当用户需要抽取建筑项目中独立的构件进行分析与优化时，传统二维设计由于采用图标记录等方式进行统计，因而无法便捷查找、抽取单个构件如门窗、设备参数等重点数据。相比之下，BIM 软件拥有族库功能且在信息存留时以单个构件方式进行建造与保存，如图 3.1-1 所示，

MEP Family Check List														审查结果			审查结果		
族	类型	族（新	品牌	数量	是否交付	是否替换项目中	族照片	计划交付日期	实际交付日期	项目族模型是否符合要求	设备模型是否符合要求	项目族信息是否符合要求	设备模型信息是否符合要求	审查结果	审查日期	原因	审查结果	审查日期	原因
EL															2024.02.27				
网络机柜 Network Cabinets			汉森		否			4月15号		是	否	否	否		2024.02.27	使用设计院模型，没有嵌套			
ACC柜 ACC cabinet			大连宏图		否			4月15号		是	否	否	否		2024.02.27	使用设计院模型，没有嵌套			
BD机柜 BD cabinet			大连宏图		否			4月15号		是	否	否	否		2024.02.27	使用设计院模型，没有嵌套			
低压配电柜 Low Voltage Distribution Cabinet（800×600×2100）			西门子		是	是		3月5号	3月5号	是	否	否	否		2024.02.27	只有外壳，没有嵌套			
低压配电柜 Low Voltage Distribution Cabinet（1000×600×2100）			西门子		是	是		3月5号	3月5号	是	否	否	否		2024.02.27	只有外壳，没有嵌套			
动力配电柜 Power distribution cabinet			大连宏图		否	是		4月15号		是	否	否	否		2024.02.27	使用设计院模型，没有嵌套			
干式变压器 Dry transformer			SGB		否	是		4月15号		是	否	否	否		2024.02.27	使用设计院模型，没有嵌套			
智能照明控制柜 Intelligent Lighting Control Cabinet			万可		否	是		4月15号		是	否	否	否		2024.02.27	使用设计院模型，没有嵌套			
消防接线端子箱 Fire terminal Box			大连宏图		否			4月15号		是	否	否	否		2024.02.27	使用设计院模型，没有嵌套			
电力监控机柜 PSCADA Panel			新松		否	是		4月15号		是	否	否	否		2024.02.27	使用设计院模型，没有嵌套			
局部等电位连接箱 Local Equipotential Connection Box			大连宏图		否			4月15号		是	否	否	否		2024.02.27	使用设计院模型，没有嵌套			
应急照明集中电源 Emergency Lighting Distribution Device			海博创合		否			4月15号		是	否	否	否		2024.02.27	使用设计院模型，没有嵌套			
应急照明分配电装置 Emergency Lighting Distribution Device			海博创合		否			4月15号		是	否	否	否		2024.02.27	使用设计院模型，没有嵌套			
模块箱 The module box			大连宏图		否			4月15号		是	否	否	否		2024.02.27	使用设计院模型，没有嵌套			
插座箱 Socket box（600×900）			汉森		是	是		3月5号	3月5号	是	否	否	否		2024.02.27	只有外壳，没有嵌套			
插座箱 Socket box（300×600）			汉森		是	是		3月5号	3月5号	是	否	否	否		2024.02.27	只有外壳，没有嵌套			
有源滤波柜 Active filter cabinet			北京英博		是	是		4月15号		是	否	否	否		2024.02.27	使用设计院模型，没有嵌套			
环网柜 Ring net cabinet			西门子		是	是		4月15号		是	否	否	否		2024.02.27	使用设计院模型，没有嵌套			
疏散指示及应急照明监控系统 Evacuate and Emergency Lighting Monitoring System			海博创合		否			4月15号		是	否	否	否		2024.02.27	待审核模型尺寸			
BAS																			
ISP电控柜			新松		否			4月15号		是	否	否	否		2024.02.27	使用设计院模型，没有嵌套			
BAS控制柜空调			新松		是	是		3月5号	3月5号	是	否	否	否		2024.02.27	只有外壳，没有嵌套			
RPC			新松		否			4月15号		是	否	否	否		2024.02.27	使用设计院模型，没有嵌套			
中间配电柜			新松		否			4月15号		是	否	否	否		2024.02.27	使用设计院模型，没有嵌套			
主进线柜			新松		否			4月15号		是	否	否	否		2024.02.27	使用设计院模型，没有嵌套			
UPS电源装置			新松		否			4月15号		是	否	否	否		2024.02.27	使用设计院模型，没有嵌套			
机械																			
风冷冷水机组750KW Air Cooled Chiller			特灵		是	是		3月5号	3月5号	是	是	否	否		2024.02.27	FM LOD只要求外壳			
定压补水装置 Constant pressure water supply device			瑞福莱		是	是		3月5号	3月5号	是	否	否	否		2024.02.27	东西都有，未做嵌套			
板式换热器 Plate heat exchanger			阿法拉伐		是	是		3月5号	3月5号	否	否	否	否		2024.02.27	已提供模型比较粗糙			
水箱 Water tank					是	是		3月5号	3月5号	是	否	否	否		2024.02.27	缺液位计，做嵌套			
蓄能缓冲罐 Storage buffer tank			瑞福莱		是	是		3月5号	3月5号	是		否	否		2024.02.27	待确认是否有内胆			
软水储盐箱 Salt tank for soft water			瑞福莱		是	是		3月5号	3月5号	是	否	否	否		2024.02.27	东西都有，未做嵌套			
软水离子交换柱 Ion exchanger			瑞福莱												2024.02.27	确认是否与储盐箱为一套			
水冷螺杆式冷水机组			特灵		是	是		3月5号	3月5号	是	是	否	否		2024.02.27	FM LOD只要求外壳			
风机盘管			约克		是	是		3月5号	3月5号	是	是	否	否		2024.02.27	尺寸一样用一个			
壁挂式暖风机			约克		是	是		3月5号	3月5号	是	否	否	否		2024.02.27	没有嵌套			
顶吹大门热空气幕			荣德		否			4月15号							2024.02.27	使用设计院模型，没有嵌套			
分集水器					否			4月15号							2024.02.27	使用设计院模型，没有嵌套			
乙二醇水箱 Glycol water tank					否			4月15号		是	否	否	否		2024.02.27	使用设计院模型，没有嵌套			
卡式风盘 Fan Coil			开利		是	是		3月5号	3月5号	是	是	否	否		2024.02.27	使用设计院模型，没有嵌套			
多联机_室外机_商用 Multi-Online_Outdoor Machine_Commercial			约克		是	是		3月5号	3月5号	是	是	否	否		2024.02.27	使用设计院模型，没有嵌套			
室内多联机_嵌入式_四面出风 Indoor VRF_Embedded_All around the wind			约克		是	是		3月5号	3月5号	是	是	否	否		2024.02.27	使用设计院模型，没有嵌套			
机房专用空调机组_水平送风 Special air conditioning unit in machine room _ horizontal air supply			博纳		是	是		3月5号	3月5号	是	是	否	否		2024.02.27	使用设计院模型，没有嵌套			
管道离心式风机 Pipeline centrifugal fan			科禄格		是	否		3月5号	3月5号	是	否	否	否		2024.02.27	使用设计院模型，没有嵌套			
超低噪音管道风机 Ultra-low Noise Pipeline Fan			科禄格		否	否		4月15号		是	否	否	否		2024.02.27	使用设计院模型，没有嵌套			
转轮热回收AHU-新风上进-K1 Runner heat recovery-AHU-K1			博纳		是	是		3月5号	3月5号	是	否	否	否		2024.02.27	只有外壳，没有嵌套			
轴流式风机 Axial flow fan			科禄格		否	否		4月15号		是	否	否	否		2024.02.27	使用设计院模型，没有嵌套			
泵																			
卧式单级离心泵 Horizontal single stage centrifugal pump			格兰富		是	是		3月5号	3月5号	是	否	否	否		2024.02.27	没有嵌套			
卧式单级端吸泵（联轴器安装）			格兰富		是	是		3月5号	3月5号	是	否	否	否		2024.02.27	没有嵌套			
LB1-1~3.卧式端吸泵			格兰富		是	是		3月5号	3月5号	是	否	否	否		2024.02.27	没有嵌套			
LB2-1~3.卧式端吸泵			格兰富		是	是		3月5号	3月5号	是	否	否	否		2024.02.27	没有嵌套			
立式泵_03 Vertical pump_03			格兰富		是	是		3月5号	3月5号	是	否	否	否		2024.02.27	没有嵌套			
立式管道离心泵 Vertical Piping centrifugal pump			格兰富		是	是		3月5号	3月5号	是	否	否	否		2024.02.27	没有嵌套			
立式离心泵			格兰富		是	是		3月5号	3月5号	是	否	否	否		2024.02.27	没有嵌套			
热水立式离心泵			格兰富		是	是		3月5号	3月5号	是	否	否	否		2024.02.27	没有嵌套			
热水回水立式离心泵			格兰富		是	是		3月5号	3月5号	是	否	否	否		2024.02.27	没有嵌套			
RB1-1~3.端吸变频泵			格兰富		是	是		3月5号	3月5号	是	否	否	否		2024.02.27	没有嵌套			
RB2-1~4.端吸变频泵			格兰富		是	是		3月5号	3月5号	是	否	否	否		2024.02.27	没有嵌套			
RB3-1~3.端吸变频泵			格兰富		是	是		3月5号	3月5号	是	否	否	否		2024.02.27	没有嵌套			
RB-1.管道离心泵			格兰富		是	是		3月5号	3月5号	是	否	否	否		2024.02.27	没有嵌套			
RBR-2管道离心泵			格兰富		是	是		3月5号	3月5号	是	否	否	否		2024.02.27	没有嵌套			
RBA-2、管道离心泵(定频)			格兰富		是	是		3月5号	3月5号	是	否	否	否		2024.02.27	没有嵌套			
RBA-1管道离心泵（定频）			格兰富		是	是		3月5号	3月5号	是	否	否	否		2024.02.27	没有嵌套			
RBR-1管道离心泵			格兰富		是	是		3月5号	3月5号	是	否	否	否		2024.02.27	没有嵌套			

图 3.1-1　华晨宝马项目自建族信息表

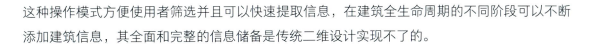

这种操作模式方便使用者筛选并且可以快速提取信息，在建筑全生命周期的不同阶段可以不断添加建筑信息，其全面和完整的信息储备是传统二维设计实现不了的。

3.1.6　全面规划与优化

BIM 正向设计强调从设计的初期阶段就注重项目的全面规划和优化，以确保建筑项目的高效性、可持续性和成本控制。

标准化正向设计是项目数字化管理中重要的一环，是华晨宝马系列智能工厂建设参与人员必备的参考指南，也是华晨宝马系列工厂实现智慧建造的基本规则。通过 BIM 技术应用的手段，实现从方案设计、初步设计、施工图设计、深化设计到竣工图设计的全方位标准化信息传递。其代表的不仅仅是对信息命名及表达方式的标准，还包括了不同阶段、不同专业信息深度、精度及传递方式的标准。

3.2　设计应用范围

3.2.1　建筑设计

BIM 正向设计主要用于建筑物的方案设计到施工图设计的全过程。这种方法不仅提高了设计的精确度和效率，还促进了专业间的协作。

BIM 正向设计在整个设计阶段中的应用和作用是多样化的，但在实际情况下，主要分为概念设计、总平面设计、细节设计三个阶段。

1. 概念设计阶段。在建筑概念设计阶段，BIM 技术可以帮助建筑设计人员更全面地考虑需求和约束等，能够让其进行全面的风险评估和预算开支，从而使更加理性的投资决策成为可能。特别是通过 BIM 技术构建的仿真模型，可以更好地完成建筑外观的设计，可以针对外观结构的设计需求和社会要求，使建筑设计更加合理、更具创新性、更贴近现实。

2. 总平面设计阶段。在总平面设计阶段，BIM 技术可以帮助工程人员减少设计错误，提高设计效率，更有效地帮助建筑设计者对建筑特性进行预分析，并配备结构和机械设备等，这有助于确定施工实施方案。另外，在总图设计过程中，BIM 技术可以帮助工程人员分析建筑的震动响应情况，以便更好地协调不同系统之间的交互状况，确保建筑结构的安全性。

3. 细节设计阶段。在细节设计阶段，BIM 技术可以有效地帮助建筑设计者分析建筑系统之间的协调情况，以及不同构件之间的精确匹配情况，如室内门窗构件之间的匹配等，从而确保施工质量，缩短施工时间，并节省施工成本。另外，在建筑细节设计阶段，BIM 技术可以帮助把控服务器的可靠性和可操作性，确保机房的运行安全及建筑性能的持久性。

3.2.2　可视化沟通

在设计阶段，BIM 的可视化可以帮助建筑师和工程师更有效地表达设计理念，并进行设计优化。通过实时渲染和虚拟漫游，可以评估设计在不同时间段内的光照、视点和材质效果，以

3.4.1　基于模型的沟通、协作

在三维模型和基于模型的会议中，利用可视化和过滤功能的设计管理，帮助参建方之间、不同专业之间的沟通并提高透明度。基于模型沟通的好处包括质量优化、快速清晰的备选方案比较、增加设计优化相关者之间的互动以及透明、快速的决策。

协作平台不仅用于项目设计参与者之间的模型协作，还可用于处理和分析设计问题。为了实现商讨决策和计划结果汇总等功能，不仅将协作平台用于项目设计参与者之间的模型协作，还用于处理和分析设计问题，而且项目会议支持所有项目成员的全面协调。每次会议的结果会被完整地记录下来，输入到 BIM 协作平台上。当 BIM 负责人发现需要对 3D 模型进行调整时，会通过平台将该任务分配到相应的责任人，同时规定反馈的时间。所有通过 BIM 协同平台存储管理的问题可供全体项目人员查看。项目进行的过程中，相应的责任人可以使用平台直接访问问题，平台会将其引导至所选问题相对应的模型位置，切实地避免了解决和管理问题的滞后性，并随后关闭问题。

简而言之，基于模型的 BIM 协作方式在简化了通信流程的同时确保了关于问题和责任的重点，可以做到无缝沟通，如图 3.4-1 所示。

图 3.4-1　协同平台操作界面图

3.4.2　基于模型的协调

执行三维碰撞检测的主要目的是提高设计质量。在早期阶段检查模型图元是否存在碰撞，可提高设计可靠性。在设计阶段确定并解决两个或多个结构和 / 或专业元素之间的冲突，将施工现场冲突的风险降至最低，目标是改善所有项目参与者之间的技术协调。

基于模型的碰撞检测是 BIM 质量检查过程的一部分，主要关注几何重叠。通过将子模型合并到协调模型中，可以在相当早的阶段检测和纠正设计错误、几何重叠和其他不一致情况，减少在施工期间产生额外的成本。

根据碰撞检测矩阵检查项目的子模型，进行碰撞检测检查，如图 3.4-2 所示。

碰撞类型(Type of Clash)		5月12日			5月21日			5月26日		
		全部碰撞个数(Clash Number)	有效碰撞个数(Clash 各项数量	汇总	全部碰撞个数(Clash Number)	有效碰撞个数(Clash 各项数量	汇总	全部碰撞个数(Clash Number)	有效碰撞个数(Clash 各项数量	汇总
管线/桥架/风管 VS 钢结构	DN100以上管线VS钢结构	804	667	667	1077	817	817	514	391	391
	所有管线VS钢结构	475	381		643	451		174	174	
	桥架VS钢结构	152	109	667	257	189	817	217	217	391
	风管VS钢结构	177	177		177	177		123	0	
管线/桥架/风管 相互碰撞	DN100以上所有管线VS桥架风管	1581	1512	1512	1581	1512	1512	956	956	956
	所有管线VS风管	845	835		845	835		509	509	
	所有管线VS桥架	598	563	1512	598	563	1512	388	388	956
	风管VS桥架	138	114		138	114		59	59	
管线/桥架/风管 自身碰撞	管线VS管线	2242	2168		1156	699		273	273	
	风管VS风管	921	561	2740	1025	320	1140	0	0	282
	桥架VS桥架	16	11		269	121		9	9	

图 3.4-2　碰撞检查跟踪信息图

碰撞检查包括如下内容：

（1）硬碰撞：至少有两个模型图元重叠或占据同一空间，例如托梁和通风管道。

（2）软碰撞："软碰撞"表示模型图元需要额外的空间 / 几何公差和缓冲，特别是隔热、维护和装配、隔热和维护工作的空间要求。

（3）功能检查：验证确保模型元素功能的要求不受附近组件的影响。例如，门是否能够打开 90°。

（4）检查 3D 维护空间：故障报警模块（FM）相关部件的 3D 间隙必须根据华晨宝马 BIM 标准建模，并纳入几何验证。

（5）净高检查：对建筑物内的空间高度进行检查，以满足设计规范和使用者的运维要求。

碰撞检查的结果不仅要记录在质量检查报告中，还要作为 BIM 问题以 BIM 协作格式（.bcf）上传到协作平台。

3.4.3　基于模型的设计交底及图纸会审

"设计交底"和"图纸会审"是施工前期的重要步骤，由设计院向参建各方传达设计意图，各专业过审图纸，发现设计遗漏和冲突，是否导致质量、安全、工程费用增加等问题。

在以往的设计交底会议中，参建各方更多地关注图纸的会签与发放，忽略了对三维模型的关注，忽略了施工重点、难点的挖掘与讨论。设计问题往往在施工阶段重复出现，最终造成大量的拆改返工、进度停滞，甚至产生不必要的重复成本。

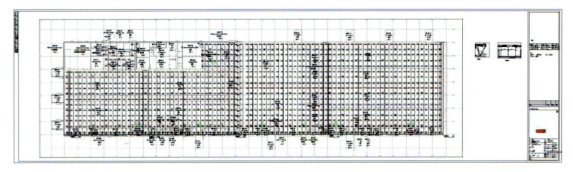

图 3.5-4　照明系统布置图

3.5.4　办公区照明系统模拟

通过光照模拟对建筑内部光环境进行还原，将要采用的灯具配光曲线进行照度计算，通过对关键指标的分析提前得出照明方案的合理性，并通过调整方案的部分参数，最终获得最优照明方案，如图 3.5-5 所示。

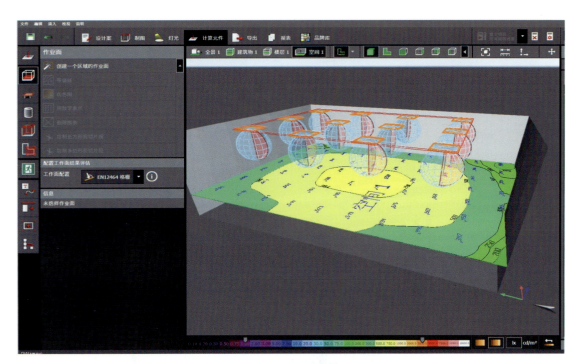

图 3.5-5　照明系统模拟图

3.5.5　基于模型的精装设计

在本项目建筑精装修设计过程中，充分利用了 BIM 技术完成包括（设计渲染和可视化、空间布局优化、设计协调、材料和造型选择、机电末端安装定位等）各环节的协调操作，实现建筑构造和建筑其他设计细节之间的充分协调，从而提升项目的总体设计水平，避免误差，提高准确性，确保精装修设计质量全面提升，如图 3.5-6 所示。

图 3.5-6 办公区装修效果漫游

3.5.6 冷水机房深化

本项目共有大型暖通系统机房 5 个，位于桁架上方屋面机械间内，建筑底标高为 13.5m。项目 BIM 团队根据设备实际尺寸对设备机房及设备平台进行深化设计。综合考虑设备安装通道、检修空间、模块化预制、机房楼板荷载等因素，优化机房布置，如图 3.5-7 所示。

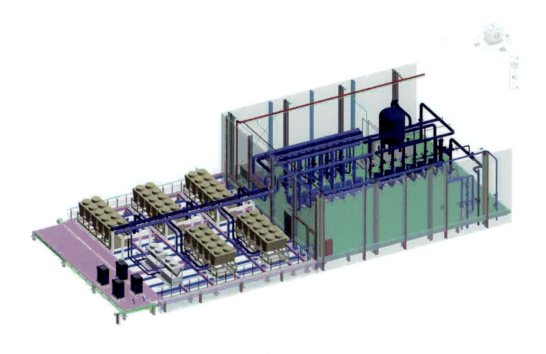

图 3.5-7 冷水机房深化设计图

3.5.7 MEP 入户间深化

对 MEP（机械、电气、管道）入户间进行重新布置，增加检修空间，阀组进行成段预制，优化布局及空间利用率，如图 3.5-8 所示。

（a）原设计

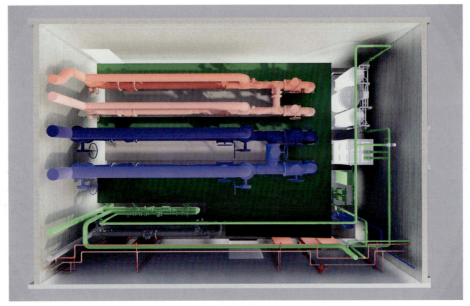

（b）深化设计方案

图 3.5-8　MEP 入户间深化设计

3.5.8 桁架内管线深化

本项目主体管道全部布置于 8.35～13.5m 高度的桁架空间内，主次桁架跨度为 6～18m 之间。为了使空间紧张的桁架区域满足安装、检修的要求，立足于减少施工成本及优化不合理管线路由的基础，综合优化管线路由并进行统一排布，在桁架内空间空旷区域进行模块化管线安装设计，减小施工难度，提升安装效率，如图 3.5-9 所示，桁架内管线深化设计。

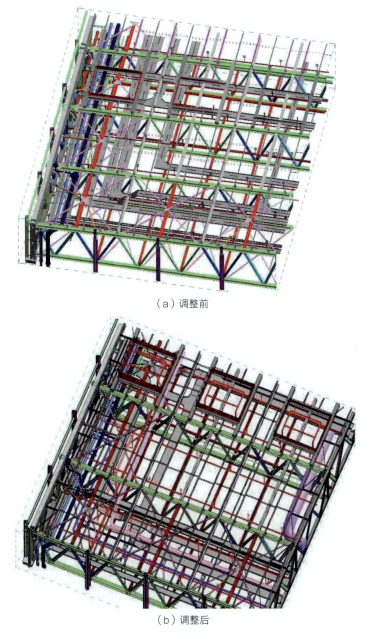

（a）调整前

（b）调整后

图 3.5-9 桁架内管线深化设计图

第 4 章

数字化建造

华晨宝马汽车工厂项目数字一体化建造深度融合了数字技术与机电施工的各个环节，本章以狭小空间支架一体化建造、静压箱一体化建造、装配式防火风管及机房模块化建造为例，详细阐述了华晨宝马汽车工厂项目数字实体化建造内容。

4.1　狭小空间内支架一体化建造技术

华晨宝马汽车工厂项目利用三维建模软件对不同区域支架提前进行规划选型，针对华晨宝马汽车工厂项目机电工程中复杂的施工条件进行支架的差异化预制组装，现场只要完成一次加工，就进行分区域整体化安装。同时提出了"位置信息＋操作信息＋安装效果信息"的支架信息编码理念，将支架的安装位置、安装图纸及安装区域的三维模型等信息输入到每个支架所对应的二维码上。工人通过扫描支架上的二维码，立刻会显示出每个支架所对应的所有信息，使支架安装过程更加的简明、高效。

1. 建造特点

（1）模块化设计：所有支架均可进行模块化设计，可根据现场不同施工条件选择不同的支架形式，同时方便后期因生产线内工艺升级需要进行的改造工作。

（2）标准化制作：所有配件均为标准化产品，由于车间生产线体内情况复杂，各个区域的支架形式均不相同，传统的支架安装方法是根据现场情况随时调整，各区域支架形式难以统一，外观质量差，工人安装质量难以把控，费时费力。利用支架一体化设计安装施工技术可以根据不同的支架形式选择不同的构件，提前设计好支架形式，对每个区域的支架均采用编码的形式进行信息化处理，方便进行支架制作及安装的质量控制。

（3）批量化生产：型钢均为条形安装孔，所有配件均在工厂内制作完成，避免施工现场打孔焊接，大大降低了传统支架安装所需的人工时间，节约了大量特种作业人员的开支。

（4）整体化安装：根据施工现场实际情况，确定支架形式并进行深化设计后，在加工厂内完成支架整体拼接，运输到现场安装部位，进行整体安装。现场仅需使用螺栓连接的方法连接各型连接件，避免了传统支架在现场需要焊接所造成的污染及各类安全隐患，保证施工现场的环境整洁及施工作业的安全。

2. 过程要点

（1）三维建模

支架空间情况，通过三维建模软件对图纸进行建模，识别出各区域各设备管线的碰撞情况以及各个部位管线的空间需求，对不合理管线排布进行纠错和调整，如图 4.1-1 所示。

图 4.1-1　模拟支架模型设计图

（2）支架形式的选择

根据三维建模软件识别出的各种管线的空间需求，进行支架形式的选择。例如：双层支架、单层支架等，如图 4.1-2 所示。

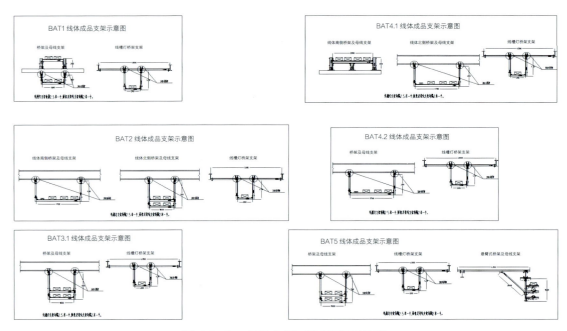

图 4.1-2　支架形式选择及初步设计图

（3）支架荷载计算

根据三维建模确定的支架形式，利用支架荷载计算软件，选择适合的型钢及连接件。支架荷载计算界面，如图 4.1-3 所示。

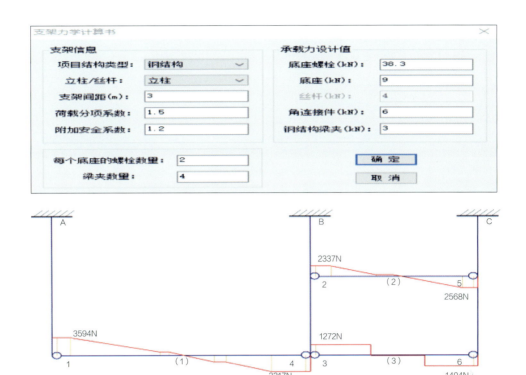

图 4.1-3 支架荷载设计图

（4）支架深化图设计

根据受力计算软件选择的型钢及连接件以及选择的支架形式，设计支架安装图纸，如图 4.1-4 所示。

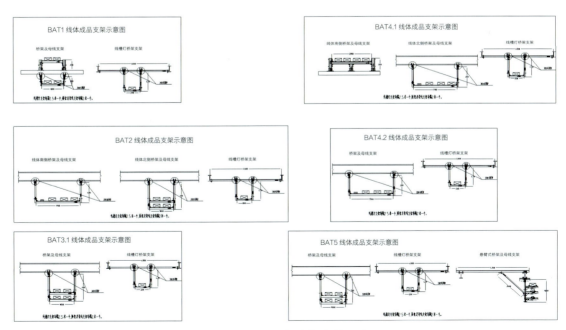

图 4.1-4 不同区域支架安装设计图

（5）支架预制及信息化编码

将支架安装位置、安装图纸及安装区域的三维模型等信息输入到每个支架所对应的二维码上。工人通过扫描支架上的二维码，立刻会显示出每个支架所对应的所有信息，使支架安装过程更加的简明、高效，如图 4.1-5 所示。

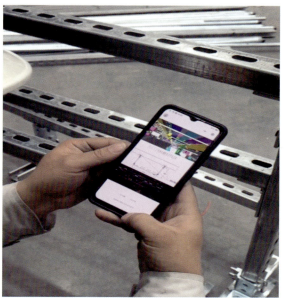

图 4.1-5　支架安装现场实拍图

（6）支架整体化安装

在加工厂预制完成的支架整体运输到指定的施工地点，按照已确定好的安装位置和支架编号批量安装，安装完成后，复核支架位置和标高，如图 4.1-6 所示。

图 4.1-6　支架安装实拍图

3. 实施效果

采用"三维模拟 + 信息化处理 + 整体化安装"的支架一体化设计安装施工的方法，成功地解决了生产线内复杂机电管线支架施工的难题。编制的信息分类及编码方案结构合理，层级清晰，能够准确、快速地在狭小空间判定支架的位置及参数信息，并与实物相对应，贯穿于项目信息化应用的全生命周期，降低了成本、缩短了施工周期，环境保护和使用性能等方面都大大优于传统支架施工方法，在汽车工业厂房类机电工程领域具有广阔的应用前景。

4.2 静压箱一体化建造技术

随着近几年仓储、物流、汽车、电子产品等行业的高速发展，工业厂房建设项目增多，空调系统是确保厂房内舒适环境的重要因素，空调静压箱又是空调系统的重要组成部分，因此提高静压箱的施工质量至关重要。静压箱一体化安装技术核心为工厂模块化预制，现场一体化安装，解决了传统式静压箱受施工人员和材料制约，加工质量粗糙的问题，提高了空调系统安装速度和质量，提升了厂房舒适度。

1. 建造特点

（1）模块化预制：所有静压箱采用相同的制作工艺，工厂统一机械下料，尺寸过大不利于运输的静压箱，可根据运输车辆分段进行预制，每段做好编号，施工现场直接组装完成。

（2）一体化安装：现场桁架空间较小，箱体较大，不满足传统吊装形式的安装需求，创新性地以一体化的思路，将静压箱吊点与箱体加固结构融为一体，并进行受力分析，确保吊装的可靠性和稳定性。

2. 过程要点

（1）BIM 深化设计

通过 BIM 软件对静压箱进行建模设计，确定每个静压箱尺寸，开口位置及检修门位置，同时将箱体内部加固框架与吊装点结合，明确箱体接口及模块连接处的做法细节，绘制箱体消声层和保温层细部做法，出具完善的、深度的静压箱预制加工图。外板采用1.5mm厚的镀锌钢板制作，内粘50mm厚玻璃丝棉；内壁采用0.75mm厚穿孔率30%镀锌钢板，孔径5mm，孔中心距小于8mm，玻璃丝棉与内板间设一层无纺布。骨架采用50mm×50mm×1.5mm的镀锌方钢，吊架采用C10槽钢，吊架和骨架焊接为一体，并内嵌于外板和内板中间，支架吊点穿出外板，直接吊装，如图4.2-1所示。

（2）分段预制

静压箱尺寸巨大，做法复杂。车间的10台新风静压箱，每台静压箱的尺寸、开口位置均有差异，按以往现场进料再加工的形式，下尺误差较大，焊接点位较多，极其浪费空间和时间。静压箱安装位置位于屋顶机械间内的桁架中狭小空间内，位置比较分散，现场需要多次挪动材料，费工费时颇为不便。根据现场安装及运输条件，采用分段预制现场组装的办法，将大型箱体，分为多个大小相同的模块，如图4.2-2所示。

能保证风管的密封性和整体性能，减少漏网等问题，提高通风系统运行效率。

2. 过程要点

（1）新型装配式防火风管结构

新型装配式防火风管是由机械复合防火板与"斤"型金属插槽组装成管段，管段连接采用F型金属法兰，法兰之间采用螺栓固定，如图4.3-1、图4.3-2所示。

F型法兰

图4.3-1　F型法兰切面结构细部图

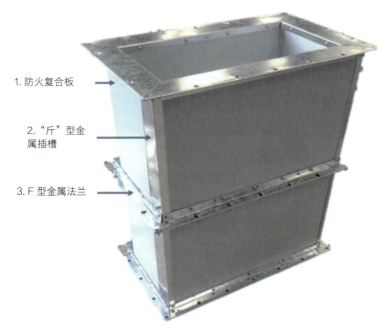

1. 防火复合板

2. "斤"型金属插槽

3. F型金属法兰

图4.3-2　双面钢板防火风管实物图

（2）新型装配式防火风管建造流程，如图4.3-3所示。

项目进场后对施工三维模型进行审核，通过BIM技术完成管线空间管理，合理优化管线路由，将完成的风管系统模型交付给风管制造厂家，厂家通过计算板材用量，利用多功能复合板生产线生产板材。

将BIM模型导入预制加工软件，生成预制加工数据。利用等离子切割机预制板材，同时

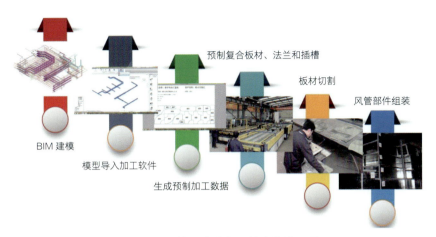

图 4.3-3　装配式防火风管建造流程图

利用卷板机、冲孔机预制法兰和插槽；随后进行风管管段组装，法兰和插槽与板材利用螺钉固定，法兰接口处采用焊接或是机械铆定。

风管管段完成后进行编号，分批次运输至现场，根据编号将风管部件运输至指定位置，结合升降车进行安装。

（3）风管面板采用机械复合防火板

由内到外侧所有板材分别为 0.27mm 厚压花彩钢板、30mm 厚防火隔热板、10mm 厚无机耐火板、0.27mm 厚压花彩钢板，如图 4.3-4 所示。

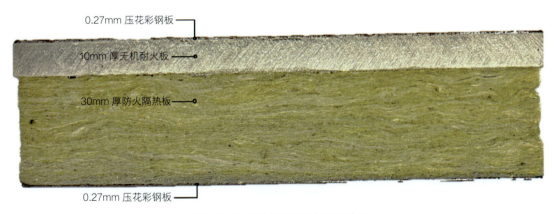

图 4.3-4　机械复合防火板构造图

机械复合防火板内外钢板可根据现场要求选择颜色，或使用镀锌钢板以提高风管的防腐性能。采用此种防火板可提高风管的结构强度，同时与 F 型法兰、"斤"型插槽配合，实现所有配件的高效预制，将防火隔热板、无机耐火板封闭在钢板中间，可有效地防止其对周围环境的污染，可在电子、食品、医疗等对环境要求高的场所广泛应用。

3. 实施效果

工程采用新型装配式防火风管，此类风管质量优良，装配化程度高，又可利用 BIM 模型数字化生产，解决了人力资源匮乏、施工进度紧张、环保要求高等问题。将 BIM 技术与数字化生产线完美结合，可为复杂风管系统提供解决方案，使整个系统安装实现装配化。

4.4　机房模块化建造技术

在华晨宝马汽车工厂项目机电工程中，机房全面采用工厂化一体建造，通过利用数字化设计工具，对建筑进行全生命周期的建模和管理。在工厂中，采用工业化的生产方式，对建筑构件进行预制加工，然后运输到施工现场进行装配。

4.4.1　工厂化预制加工

工厂化制作技术是通过使用自动化机械加工设备，依靠模块智能管理平台，以工厂的质量控制为标准，实现管道模块下料、坡口加工、焊口组对、管道焊接等机械化自动加工，有效解决现场施工受限等问题，提高工效，减少劳动力投入，改善施工人员操作环境，实现绿色智能建造，全面提升建筑质量、效益和品质。

1. 工厂化预制流程

模块工厂化预制流程，如图 4.4-1 所示。

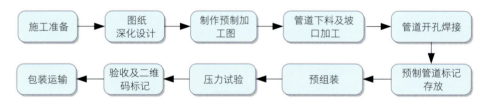

图 4.4-1　模块工厂化预制流程示意图

2. 生产准备

机电模块化预制生产准备是确保预制工作顺利开展的重要前期阶段。

根据项目所在位置及加工厂的功能定位，选择合适的加工厂。加工厂的布置以满足加工需求为宜，装配式加工厂平面布置示例，如图 4.4-2 所示。

3. 管道预制加工图

管道预制加工图是管道工程设计中重要的技术文件，它详细展示了管道系统中各部分的具体结构和尺寸，为管道的预制加工提供了准确的指导。

管道预制加工图通常包括管道的布置、走向、连接方式、管件规格、支吊架设置等信息。通过这些图纸，施工人员可以清楚地了解管道的组成和安装要求，从而进行精确的预制加工和安装工作。

依据管道预制加工图制作管段专属二维码标识，实现管道加工、运输、组装、验收等各个环节的全过程管理。

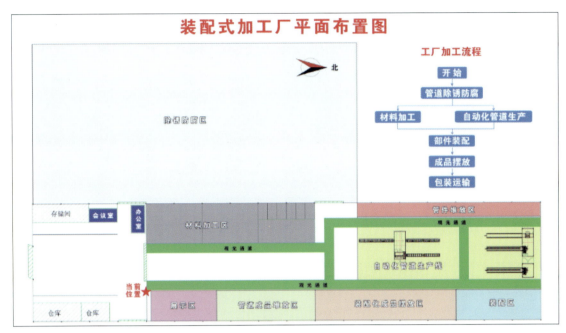

图 4.4-2 装配式加工厂平面布置示例图

4. 管道下料及坡口加工

依据预制加工单线图纸，对管道进行精确的切割和坡口处理，以满足管道预制的要求；采用自动化的设备和技术，确保下料的精度和坡口的质量。这不仅提高了施工效率，还能保证管道连接的可靠性和密封性。

管道下料时，会根据设计图纸准确测量和切割管道，保证长度符合要求。坡口加工则根据焊接工艺的需要，对管道端部进行特定形状的处理，便于后续的焊接操作。

5. 管道开孔

依据预制加工单线图纸，用自动开孔机按照设计要求在管道上准确开设各种连接口，如法兰接口、螺纹接口等，在管壁上开孔用于管道组对焊接。工厂化的加工方式，能够保证开口及管件的精度和一致性，提高施工效率，减少现场安装的难度和误差。

6. 管道焊接

管道开孔完成后，利用管道自动生产线进行管道组对、自动焊接，对于复杂管线或自动化设备无法加工的管道焊接进行手工焊接，焊接完成后，还需进行焊缝的外观检查、无损检测等，以保证焊接质量。同时，要对焊接参数、焊工资格等进行严格管理和控制。

7. 预制管段标记存放

预制成品有专门的区域进行存放，存放时按照分段、分组排列，每天完成的管线都运输到存放区域，由专人进行登记、标识管理。标记信息包括：管线号、管线所在图纸编号、预制焊口号、焊工编号、焊接日期等信息以便日生产量统计和过程质量控制（图 4.4-3）。

8. 型钢框架加工

根据型钢框架加工图，对型钢进行切割，焊接组装成型钢框架。型钢框架厂内加工现场如

图 4.4-3　预制管道分类存放现场实拍图

图 4.4-4　型钢框架厂内加工现场实拍图

图 4.4-4 所示。

9. 模块预组装

管段、型钢框架、惯性平台等加工完成后，进行模块的预组装，检验加工精度，保障现场装配质量。模块预组装流程如下：

减振器安装：安装前，先确定减振器的型号和规格是否正确。

水泵安装：水泵安装前，检查水泵安装基础的尺寸、位置和标高，将水泵按照图中位置就位，调整水泵的水平度，安装基准的选择和水平度的允许偏差必须符合水泵技术文件的规定。

按照模块拼装图，将预制好的管段及阀部件进行拼装，并将拼装好的模块安装至型钢框架上。管段预制组装示例见图 4.4-5；水泵组模块整体组装示例见图 4.4-6；水泵模块整体落位现场照片见图 4.4-7。

10. 模块化安装

通过机房模块化设计技术、工厂化制作技术，将预制加工好的管段模块和泵组模块等运输至现场，运用机房模块化安装技术进行现场安装，有效节约工期，提升施工质量。

模块化安装技术实施流程见图 4.4-8：

图 4.4-5　管段预制组装示例图

图 4.4-6　水泵组模块整体组装示例图

图 4.4-7　水泵模块整体落位现场照片

施工交底	基准控制	模块运输
明确设计方案，准备相关资料和工具	测量方向，明确主要基准控制点	将模块运输至安装现场

验收与交付	连接与调试	模块安装
完成验收，交付使用	连接各个模块，进行系统调试	按照规划顺序和要求进行模块安装

图 4.4-8　模块化安装技术实施流程图

第三篇

精益管理　树立高效建造标杆

　　华晨宝马精益管理应用实践，打破了传统的流水管理施工模式，避免了因粗放的现场管理导致工期偏差、进度滞后、抢工赶工的问题出现；将工作计划划分多达 1900 余项，依据里程碑节点由整体到局部细致地规定好各项工作内容的时间；通过软件平台和每周的精益报告及时将现场进度、质量、安全管理信息与业主和管理公司共享，快速地发现问题并解决问题。

第 5 章

进度精益管理

运用 TPTS 管理模式（Taktplanning and Taktsteering，精细化管理模式），将工作内容进行细致地划分并编排计划，设置里程碑节点，以精益管理的方式管理现场施工。从精益报告的角度编排计划，直接反应现场人、机、料情况，获得数据并分析，再从现场的情况反馈到计划上，对后续任务及时做出调整。

5.1　实施概述

精益建造提供了一套可持续多样的方法，有条不紊地遵循精益原则，让所有人在项目早期阶段就参与进来，传授理念并将所选方法融入规划和建设过程中。

所有参与者以价值创造为基础的观点，并确保整个过程的透明度。其目的是在各个流程和界面中建立对效率和浪费的共识。此外，还应确保持续的工作流程，以优化整体流程。强调在满足客户需求的同时，提高生产效率，使工程建设更具高效和可持续性；强调建设团队的协同合作和沟通，以确保项目按计划进行的条件下，实现工程综合效益最大化。

精益报告是每周向各个管理方汇报现场情况的一种方式，通过每周精益进度会议将现场进度的信息与业主和管理公司进行共享并分析。重点在精益报告中展现与进度相关的各个专业的问题，包括常规的人员、机械、材料等问题，还包括了资金、各专业交叉施工、质量、安全等对工期影响的因素，从而分析提炼出主要矛盾点，经过讨论解决施工过程中出现的问题。

5.2　进度计划编制

5.2.1　区域及系统划分

管理模式采取 TPTS 方式，它是一种根据固定工业模式设计建筑流程的方法，通过时间和空间的划分，该方法建立了一个可与流水线生产相媲美的工艺流程。必要的工作内容按照规定的顺序进行。在这些工作中，每项工作都是环环相扣的。所以在建立好计划之前需将现场进行区域划分和系统的划分，再按照工作内容先后顺序进行工期计划排布。

对于空间的划分，将厂房的主车间按照轴线大体分割成 6 个部分，分别为主车间的 A1、A2、A3、B1、B2 以及转运车间的部分 B3。后因土建方工作界面移交滞后的原因，把主车间从横轴的 52 轴到 53 轴这部分区域划分为预留区。

除此之外还对辅房、机械间和通廊进行了划分，具体划分将辅房部分分为北辅房 1 层、北辅房 2 层、南辅房、南侧配电间、北侧配电间和中压室。机械间划分为机械间 1#、机械间

2#、机械间3#、机械间4#、机械间5#。通廊划分为通廊1-3#、通廊4-6#、通廊7-10#，如图5.2-1所示。

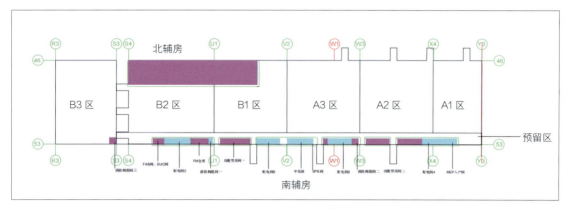

图 5.2-1　主车间及辅房的划分示意图

对于系统的划分，项目将施工内容分为16个系统，分别为：热水采暖系统、冷冻水系统、空调系统、给水及软化水系统、循环冷却水及余热回收系统、照明系统、中压系统、BAS系统、供配电系统、IT系统、消防电装备系统、消火栓系统、自动喷淋系统、通风和排烟系统、装饰装修系统、压缩空气系统。

再将各系统划分出工序，选出重要的工序做出计划并在精益报告中汇报。根据区域的工作内容，将这些划分好的系统和工序分配到各区域。例如热水采暖系统，根据图纸设计主车间的各个区域都有热水采暖系统管道和设备安装，如图5.2-2所示。

在划分好的区域内，准确的分配人力、材料和设备，并结合施工计划进行安排，按区域追踪施工进度，其中某区域内工作内容，就必须在规定的时间范围内完成。在每个工序结束后，上一道工序的工作剩余或滞后时间会转移到下一个工时区域，前项工序使用工时的情况会对下一道工序的工时造成积极或者消极的影响。通过在现场召开所有参与者的短会，在短时间内协调程序，报告进度并消除障碍。

5.2.2　关键施工进度节点

根据施工现场的进度要求设置里程碑节

08.03版施工计划编排.xml.1.4.2.5 1.5.2.5 热水采暖系统	
08.03版施工计划编排.xml.1.4.2.5.1 A1区	
247	支吊架预制
248	支吊架安装
249	管道安装
250	管道焊接
251	水压试验
252	管道冲洗
253	管道保温
254	设备安装
08.03版施工计划编排.xml.1.4.2.5.2 A2区	
256	支吊架预制
257	支吊架安装
258	管道安装
259	管道焊接
261	水压试验
262	管道冲洗
263	管道保温
260	设备安装
08.03版施工计划编排.xml.1.4.2.5.3 A3区	
265	支吊架预制
266	支吊架安装
267	管道安装
268	管道焊接
270	水压试验
271	管道冲洗
272	管道保温
269	设备安装
08.03版施工计划编排.xml.1.4.2.5.4 B1区	
274	支吊架预制
275	支吊架安装
276	管道安装
277	管道焊接
279	水压试验
280	管道冲洗
281	管道保温
278	设备安装

图 5.2-2　热水采暖系统施工进度计划图

点，对关键内容的时间完成点进行规定，如图 5.2-3 所示。

08.03版施工计划编排.xml.1.1	1.1 里程碑节点	482d	2023-08-30 17:00	2024-12-31 17:00
3	1.1.2 主要机电设备到场	0d		2023-08-30 17:00
4	1.1.3 机电施工开始	0d	2023-09-01 08:00	
5	1.1.4 临时采暖系统完成	0d		2023-10-31 17:00
6	1.1.5 网络路径完成	0d		2023-12-31 17:00
7	1.1.6 供电系统完成（包括送电）	0d		2024-01-27 17:00
8	1.1.7 消防水系统完成	0d		2024-02-28 17:00
9	1.1.8 区域1移交工艺	0d		2024-02-29 17:00
10	1.1.9 机电完成	0d		2024-03-31 17:00
11	1.1.10 预验收完成	0d		2024-05-15 17:00
13	1.1.10 区域移交（FM）完成	0d		2024-06-30 17:00
12	1.1.11 消防验收	0d		2024-06-30 17:00
14	1.1.13 区域2移交工艺	0d		2024-09-30 17:00
15	1.1.14 最终移交	0d		2024-12-31 17:00

图 5.2-3　里程碑节点计划图

根据各区域移交时间和里程碑节点，按照区域和系统工序的划分排布各工作内容的时间计划，并且根据现场情况和各系统特点，确定各工作内容的开始顺序。

例如在该项目中要尽量优先开始的系统：自动喷淋系统、通风系统、中压系统和热水采暖系统。自动喷淋系统和通风系统占用的工作界面较大，所以要优先安装。中压系统和热水采暖系统因为涉及供电和供暖的问题，所以要优先安排安装。IT、压缩空气和消火栓等系统尽量往后排，例如 A1 主车间的热水采暖系统，如图 5.2-4 所示。

08.03版施工计划编排.xml.1.4.2.5	1.5.2.5 热水采暖系统	210d	2023-08-20 08:00	2024-03-23 17:00
08.03版施工计划编排.xml.1.4.2.5.1	A1 区	189d	2023-08-20 08:00	2024-03-02 17:00
247	支吊架预制	10d	2023-08-20 08:00*	2023-08-29 17:00
248	支吊架安装	10d	2023-08-30 08:00	2023-09-08 17:00
249	管道安装	14d	2023-09-09 08:00	2023-09-22 17:00
250	管道焊接	14d	2023-09-23 08:00	2023-10-06 17:00
251	水压试验	5d	2023-10-18 08:00	2023-10-22 17:00
252	管道冲洗	5d	2023-10-23 08:00	2023-10-27 17:00
253	管道保温	14d	2023-10-23 08:00	2023-11-05 17:00
254	设备安装	10d	2024-02-22 08:00	2024-03-02 17:00
08.03版施工计划编排.xml.1.4.2.5.2	A2 区	194d	2023-08-25 08:00	2024-03-12 17:00
256	支吊架预制	10d	2023-08-25 08:00*	2023-09-03 17:00
257	支吊架安装	10d	2023-09-04 08:00	2023-09-13 17:00
258	管道安装	14d	2023-09-14 08:00	2023-09-27 17:00
259	管道焊接	14d	2023-09-28 08:00	2023-10-11 17:00
261	水压试验	5d	2023-10-18 08:00	2023-10-22 17:00
262	管道冲洗	5d	2023-10-23 08:00*	2023-10-27 17:00
263	管道保温	14d	2023-10-23 08:00	2023-11-05 17:00
260	设备安装	10d	2024-03-03 08:00	2024-03-12 17:00

图 5.2-4　热水采暖系统 A1、A2 车间计划图

5.3　进度数据统计

数据能够准确地体现出各系统以及整体的施工进展情况，通过各系统间的数据比较，找出目前的工作重点，做好下一步的规划。通过实际值与计划值对比，明确当前进度为滞后或是超

前，对下一周工作进行调整。

5.3.1 人员及物资的数量统计

依据计划区域和工序的划分，按工种统计出每周所需的人数，例如 A1 区的热水采暖系统所需工人人数的统计，分区域、工序、工种统计出来，如图 5.3-1 所示；每周人数取一周内人数最多的峰值，然后累计相加，如表 5.3-1 所示。最后将所有的区域和工种都以“周”为一个周期求和。

区域	工序	工种	CW33 2023/8/14	CW34 2023/8/21	CW35 2023/8/28	CW36 2023/9/4	CW37 2023/9/11	CW38 2023/9/18	CW39 2023/9/25	CW40 2023/10/2	CW41 2023/10/9	CW42 2023/10/16	CW43 2023/10/23	CW44 2023/10/30
A1 区	支吊架预制	管工	1	1	1									
		焊工	1	1	1									
		普工	2	2	1									
	支吊架安装	管工			1	1								
		焊工			1	1								
		普工			2	1								
	管道安装	管工				1	1	1						
		普工				2	2	2						
	管道焊接	管工						1	1	1				
		焊工						1	1	1				
		普工						2	2	2				
	水压试验	管工										1		
		普工										2		
	管道冲洗	管工											1	
		普工											1	
	管道保温	保温工											3	3
	设备安装	管工												
		焊工												
		普工												

区域	工序	工种	CW33 2023/8/14	CW34 2023/8/21	CW35 2023/8/28	CW36 2023/9/4	CW37 2023/9/11	CW38 2023/9/18	CW39 2023/9/25	CW40 2023/10/2	CW41 2023/10/9	CW42 2023/10/16	CW43 2023/10/23	CW44 2023/10/30
A2 区	支吊架预制	管工		1	1									
		焊工		1	1									
		普工		2	2									
	支吊架安装	管工				1	1							
		焊工				1	1							
		普工				2	1							
	管道安装	管工					1	1	1					
		普工					2	2	1					
	管道焊接	管工							1	1	1			
		焊工							1	1	1			
		普工							2	2	2			
	水压试验	管工										1		
		普工										2		
	管道冲洗	管工											1	
		普工											1	
	管道保温	保温工											2	2
	设备安装	管工												
		焊工												
		普工												

图 5.3-1 热水采暖系统施工人员安排计划图

A1 区热水采暖系统的人员统计表 表 5.3-1

周	CW33	CW34	CW35	CW36	CW37	CW38	CW39	CW40	CW42	CW43	CW44	CW8	CW9
管工	1	1	2	2	1	2	1	1	1	1	0	1	1
焊工	1	1	2	1	0	2	1	1	0	0	0	1	1
普工	2	2	3	3	2	3	2	2	2	1	0	2	2
保温工	0	0	0	0	0	0	0	0	0	3	3	0	0
总人数	4	4	7	6	3	7	4	4	3	5	3	4	4

对物资到场的时间做好把控，统计各种材料设备需要用在对应系统，然后分区域根据最早需要时间和制造送货时间来制订订货时间的计划，如表 5.3-2、表 5.3-3 所示。

订货时间表　　　　　　　　　　　　　　　　　　　　　　表 5.3-2

	专业	主车间	辅房	机械间	通廊	订货时间	最早到场时间
热镀锌钢管	电气、BAS、消防、弱电	2023 年 8 月 10 日	2023 年 9 月 10 日	2023 年 9 月 26 日	2023 年 10 月 5 日	2023 年 8 月 31 日	2023 年 9 月 10 日
智能照明控制柜（箱）	电气、BAS	2024 年 2 月 20 日	2024 年 3 月 20 日	2024 年 4 月 5 日	2024 年 4 月 15 日	2023 年 7 月 15 日	2024 年 1 月 15 日
空调多联机	暖通、BAS	2023 年 5 月 20 日	2023 年 6 月 20 日	2023 年 7 月 5 日	2023 年 7 月 15 日	2023 年 9 月 30 日	2023 年 10 月 31 日

各区域支吊架数量统计表　　　　　　　　　　　　　　　　表 5.3-3

	安装 / 个	A1 区	A2 区	A3 区	B1 区	B2 区	B3 区
给水和软化水系统	已安装	336	135	190	163	280	268
	总量	336	135	190	163	280	268
循环冷却水和余热回收系统	已安装	95	167	170	155	128	0
	总量	100	176	179	172	142	0
冷冻水系统	已安装	121	127	0	0	143	102
	总量	121	127	0	0	143	113

5.3.2　资金数据

本项目建筑工程的资金分配是决定整体进度的重要一环，合理分配资金是保障工程进度的关键。各工作内容的权重占比是按照该工作内容所需金额的多少来分配的：

该工作内容所需的金额 / 整个项目的金额 = 权重占比

计算项目进度完成比例是已完成工作内容的资金占比，因此工作的高峰期和工作重点都会向资金多的工作内容偏移，关键线路的工作内容也会被更加重视。

施工开始后，每周进行一次统计。

实际完成数量 / 总数量 × 该工序的资金权重占比 = 资金权重完成量比例

最后所有的工序汇总，得到项目整体实际累计完成的资金权重占比。

将统计各区域各工序所需材料的数量根据计划的时间进行每周甚至是每天的工作量的预测，采用表格进行表述，如表 5.3-4 所示。由于表格的量比较大，这里只体现了 CW45 周主车间支吊架安装的计划值。

CW45 周支吊架计划安装量统计表　　　　　　　　　　　表 5.3-4

专业	个	主车间 A1	开始时间	本日日期	结束时间	施工天数	施工总天数	计划值
给水和软化水系统	336	主车间 A1	2023/11/26	2023/11/12	2023/12/5	0	10	0
循环冷却水和余热回收系统	100	主车间 A1	2023/10/25	2023/11/12	2023/11/7	19	14	136
冷冻水系统	100	主车间 A2	2023/11/24	2023/11/12	2023/12/7	0	14	0

　　将累计完成计划值和实际累计完成值与系统工序权重占比放在一起就可以对现场施工的进度情况与计划值进行对比和纠偏。选取 CW3 周热水系统表格，如表 5.3-5 所示。

CW3 周计划和实际完成率统计表　　　　　　　　　　　表 5.3-5

工序	单位	计划量	累积量	总量	占总项目比（%）	实际累计完成权重比（%）	实际累计完成率（%）	计划累计完成权重比（%）	计划累计完成率（%）
支吊架预制	套	2133	2133	2133	0.42	0.42	100.00	0.42	100.00
支吊架安装	套	2133	2133	2133	0.95	0.95	100.00	0.95	100.00
管道安装	m	17761	17761	17761	1.14	1.14	100.00	1.14	100.00

5.4　进度计划纠偏

5.4.1　进度现场情况图像分析

　　在图纸上用绿色标注的部分为已按时安装完成的部分，用蓝色标注的部分为下周计划要进行施工的部分。主车间消火栓系统管道安装，用紫色标注的部分为超前计划安装完成的部分。由于当时的施工条件，有多余的管道材料以及工作界面，就进行了消火栓管道的安装。辅房空调系统管道安装，用黄色标注的部分为现场施工工作滞后的部分，如图 5.4-1 所示。

　　主车间的 A1、A2、B1、B2 区的通风管道保温全部完成，A3 区的保温已完成了 83.3%，预留区已完成 34.5%，B3 区已完成 56%，北辅房上方已完成 92%，全部安装按时完成。下周计划主车间将 A3 区的通风管道保温全部完成，预留区 B2 和转运区 B3 部分分别从东侧开始施工，分别完成各部分的 50%。图 5.4-2 表示了主车间消火栓系统管道安装，在第 51 周时消火栓管道的安装属于超前的部分，当时恰好有管道材料和施工工作面便提前安装了。图 5.4-3 是机械间自动喷淋主管道已全部安装完成的状态。图 5.4-4 为辅房空调系统管道安装，北辅房与 B2 区南辅房的空调系统管道没有安装完成并且处于滞后的态。

　　比例是按照资金权重的百分比要体现出单周的实际和计划增长值、累计的实际和计划值以及单周和累计的计划与实际值之比。计划与实际的比值能看出来滞后或者超前量的多少，以及

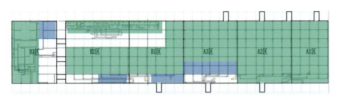

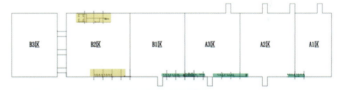

图 5.4-1　主车间通风系统管道保温施工　　　　图 5.4-2　主车间消火栓系统管道安装

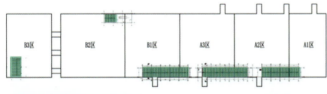

图 5.4-3　机械间自动喷淋主管道安装　　　　图 5.4-4　辅房空调系统管道安装

月累计施工权重占比，还要体现出本周各工序实际施工量以及下周预测的施工量，实际的施工量与计划施工量之比可以判断此工序本周施工量是否滞后。如图 5.4-5、表 5.4-1 所示。

5.4.2　人力及材料到场情况

同时还要体现出本周的人力和材料到场情况。其中人力还要有四周的预测。如表 5.4-2、表 5.4-3 所示。

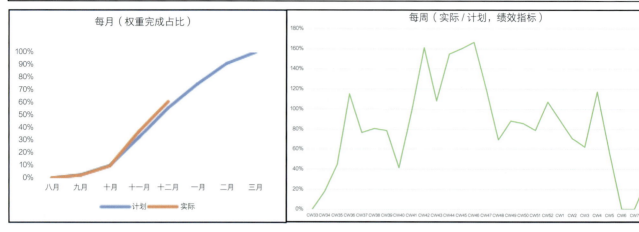

图 5.4-5　每周 / 每月折线图

各工序施工状态（实际 / 计划）对比表　　　　　　　　表 5.4-1

工作包	计划（10/30-11/05）	实际	实际 / 计划	下周预测（11/06-11/12）
支吊架安装（个）	4692	4780	101.88%	3015
喷淋系统主管道安装（m）	2980	2638	88.52%	3310
热水系统主管安装（m）	3158	3560	112.73%	136
压缩空气管道安装（m）	263	380	144.49%	163
通风及排烟系统管道安装（m）	1432	1603	111.94%	2091
电缆桥架安装（m）	1660	2083	125.48%	526

人力情况（实际 / 计划）对比表　　　　　　　　表 5.4-2

工种	计划	实际	滞后	预测（12/18-12/24）	预测（12/25-12/31）	预测（1/1-1/7）
管工	48	39	-9	47	50	49
焊工	19	26	7	19	19	19
普工	83	128	45	91	104	106
电工	46	39	-7	48	46	51
保温工	12	0	-12	4	1	3
风管工	10	8	-2	9	9	13
设备安装工	4	6	2	5	3	7
装修工	1	0	-1	6	2	7
总数	223	246	23	229	234	255

材料到场情况（实际／计划）对比表　　　　　　　　　　　　　　　表 5.4-3

材料	计划	实际	滞后
电动空气阀和变风量阀	2023/9/1	2023/9/1	N/A
喷淋头（K160，K115，K80）	2023/9/1	2023/9/1	N/A
内外热浸镀锌钢管	2023/9/10	2023/9/10	N/A
消防设备电源监控系统（包括控制器、分控制器和传感器）	2023/9/20	2023/9/20	N/A
电动火灾监控系统	2023/9/20	2023/9/20	N/A
防火阀、排烟阀、排烟防火阀	2023/9/20	2023/9/20	N/A
恒定风量调节器（CAV）（空调与通风系统）	2023/10/1	2023/10/1	N/A

5.4.3　滞后原因及纠偏

对于有滞后现象的系统在报告中需要写出滞后的原因和纠偏计划。导致滞后的原因大致分为 5 种：天气、人力、材料、设备以及其他原因。其他原因可能是土建方对于工作界面移交比较滞后、交叉作业比较严重、材料易损坏施工困难、临时的图纸设计变更等，会导致施工滞后情况的出现。在纠偏计划中要体现出具体纠偏措施以及完成时间，如缺少施工人员需要计划出具体在哪一天增加至多少人，至哪一天追赶上计划要求，如 CW40 周的滞后原因分析及纠偏计划。

1. 滞后原因

（1）通风及排烟系统管道安装：工作界面移交的滞后且交叉作业严重，缺少施工人员。

（2）供配电系统桥架安装：供配电桥架的安装工作必须等到上层 IT 桥架安装完成后才能进行。

（3）压缩空气系统支管安装：工作界面没有移交，没有工作条件。

（4）IT 系统桥架安装：材料到场滞后，导致缺少材料。

（5）空调系统管道安装：材料到场滞后，导致缺少材料。

（6）冷冻系统管道安装：工作界面没有移交，没有工作条件。

2. 纠偏计划

（1）通风排烟系统管道安装的纠偏：增加施工人员，并增加加班时间，以错开交叉作业时间，目前的人员增至 44 人。目前没有出现材料短缺的情况，计划中的赶工预计将于 12 月 25 日完成。

（2）供配电系统桥架安装纠偏：增加施工人员，并增加加班时间，以错开交叉作业时间，目前的人员增至 44 人。目前没有出现材料短缺的情况，计划中的赶工预计将于 12 月 25 日完成。

（3）压缩空气系统支管安装纠偏：工作接口移交后，将立即组织施工，目前压缩空气支管材料不缺，人员充足，一旦完成工作接口移交，就能顺利开工，预计能赶上 12 月 31 日的进度。

（4）IT 系统桥架安装纠偏：建筑材料计划于 12 月 24 日前运抵，抵达后将增加施工人员，预计 12 月 30 日前完成计划赶工。

（5）空调系统管道安装：建筑材料已于 12 月 15 日运抵，这项工作现已安排额外的施工人员进行，计划中的赶工预计将于 12 月 24 日完成。

（6）冷冻水系统设备安装：通过与苏腾公司沟通，计划在 1 月 12 日前完成设备基础环氧施工，即预计在 1 月 15 日完成冷冻水系统设备的吊装。

5.4.4 举例分析

折线图的虚线为计划完成率，实线为现场实际完成率，如图 5.4-6、图 5.4-7 所示。从这两个折线图的斜率来看，现场实际的完成率与计划完成率较为贴近，说明精益施工对现场通风及排烟系统的进度有一定的指导作用。

折线的斜率可以看出来高峰期，斜率越陡代表着增长值越大。从 CW33-CW40，折线很平缓，这是因为通风及排烟系统还未开工或者在做前期的准备，所以增长很缓慢。从 CW41-CW51 之处的折线很陡，说明这几周正处于通风及排烟系统主要施工阶段。从 CW52-CW5，这几周的工作重点不再是通风及排烟系统的施工，而转移到其他专业例如消火栓、IT 等需要等到进入工程后期才开始施工的专业上，并且部分风管的安装需要等到其他设备安装完成后或者等通风材料全部到齐才能继续安装。从 CW6-CW8 为小年和大年的三周，这三周由于现场施工人员的锐减，所以计划增长值为 0。CW9-CW13 为最后的通风施工高峰期，完成剩下的设备及风管安装。通过每一周的增长数值，可以看得出来通风及排烟系统现场实际的施工高峰期被延后了两周，并且由于过年施工停产期也要比计划更长一些。

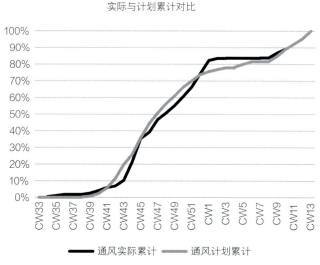

图 5.4-6　通风系统实际累计值与计划值对比折线图

根据折线图提取重一些要信息：

（1）累计量是否为滞后或超前。

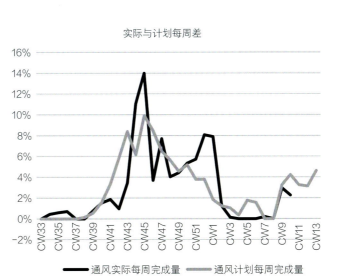

图 5.4-7 通风系统单周实际增长值与计划值对比图

（2）每周的主要工作内容。

（3）现场施工累计的滞后和超前项。

（4）每周增长的滞后和超前项。

将整个通风系统安装时间分成三段，CW33-CW41 为前期准备工作阶段，CW42-CW52 为施工高峰期，CW1-CW13 为施工的收尾阶段。从单周的滞后情况与累计的施工量的滞后情况联系分析，能够看出来当单周的滞后出现了一两周后，总体的累积量就会滞后。

按照计划，通风系统的最早开始区域的日期为 9 月 11 日即在 CW37 周，大规模展开通风系统施工的开始时间为 9 月 30 日即在 CW39 周。但实际有材料、人力和空间的条件下，超前抢工进行支吊架的预制及安装。所以从 CW34-CW40 通风及排烟系统一直处在超前状态。CW38 周的时候开始出现第一次单周滞后，此次造成进度滞后的原因是土建方没有将工作界面及时交出导致无法进行施工。其实在 CW39 周时地面也没有完全移交出来，但是由于提前进行了一些风管预制及安装，且风管的预制及安装的资金占比要比支吊架的预制及安装多很多，所以单周的增长还是比计划的多了一些。CW41 周又出现了第二次单周滞后的情况，这次是因为支吊架的材料缺少。当时的情况是因为土建方对于工作界面移交的延后，很大程度上影响了热水采暖系统的进度，所以为了让热水采暖系统能够顺利地抢工，几乎所有的材料和人力都放在了采暖系统上。像工期本来就偏后的通风及排烟系统的支吊架的预制及安装就进展得很缓慢。

在这几周主要工作是进行了支吊架的预制及安装的抢工和部分风管的预制及安装的抢工，总的工程量是超前的。只出现了两次单周增长上的滞后，但没有对通风及排烟系统的总体工程量的进度产生影响。导致单周滞后的主要原因是土建对于工作界面移交的滞后和对于工作重心的物资人员分配没有到位。

接下来进入了通风及排烟系统的施工高峰期。虽然略处于滞后的状态，但是一直在调整追赶进度。下面分析每一周的施工情况，CW41 周缺少的支吊架已经在此周补齐且追赶上进度，所以 CW42 周滞后的量为风管的预制及安装。风管的安装之所以会有滞后主要原因是前项工序支吊架的安装补齐滞后造成的。由于风管安装的权重占比很高，远高于支吊架的预制及安装，所以总体处于滞后状态。在这几周中，风管的预制及安装一直处于滞后的状态。到了 CW43 周，风管的预制及安装滞后的主要原因是土建方对于工作界面移交的延后，尤其是对于南侧辅房地面的移交更为滞后。

在通风及排烟系统施工的高峰期间，主要工作内容由支吊架的预制及安装转变为风管的预制及安装、漏风实验、静压箱安装以及设备安装。其中风管安装、设备安装和静压箱安装的权重占比很大，并且这些项一旦稍稍出现滞后现象就会导致整体的滞后。

这几周属于通风及排烟系统工作的后期阶段，由于 2 月份有春节导致增长率很低，到 CW10 周的时候超前的量被计划追上。春节对于施工的影响比较大，从小年开始现场施工人数就逐步减少，增长值就变少，即使春节过后也一直处于施工量较少的阶段。不仅人数上有所缺少，整个工人的工作状态也欠佳。

第 6 章

质量精益管理

　　中建安装秉承着以客户为中心，借鉴了华晨宝马在汽车制造领域卓越的质量管理经验，并结合自身在建筑安装领域的专业优势，共同打造了一套高效的质量精益管理体系。这一体系融合了华晨宝马的"一次成优"质量管理目标和精细化管理流程，以及中建安装对施工细节的严格把控和持续改进的精神。

　　在这一融合过程中，强调了全员参与的重要性，确保从项目策划到施工执行，再到最终的验收交付，每一个环节都遵循精益原则。通过优化资源配置、精简流程、提升员工技能和强化现场管理，中建安装与华晨宝马实现了质量共管的无缝对接，不仅提高了施工效率，更确保了工程质量的高标准，立足构建"发展质量高、核心专业精、转型升级优、企业规模强"的"高精优强"新发展格局。

6.1　质量管理目标及策划

　　华晨宝马项目自开工伊始便确立了"一次成优""顾客满意度 95 分以上""分部工程、单位工程一次交验合格率 100%"的质量管理目标及"鲁班奖"的成果目标，这一目标与精益管理的核心理念紧密结合。项目团队将精益管理原则贯彻于实际的项目管理过程中，制定并执行严格的质量标准和科学的质量管理流程，持续推进精益管理和管理创新。

　　中建安装与华晨宝马联合建立适用于宝马汽车工厂项目专属的质量管理体系，并保持体系的有效运行，由华晨宝马的业主、质量保证部门和质量控制部门（QAQC）、管理公司、监理公司和中建安装组成（图 6.1-1）。业主方统筹管理质量的所有事宜。质量保证部门和质量控制部门（QAQC）参加各项质量检查事宜并组织现场巡查和质量会议、提出问题且制作成质量问题清单、确认关闭质量问题。管理公司和监理公司参加各项质量检查、提出质量问题并确认关闭问题。中建安装负责参加各项质量检查、组织执行质量整改并回复整改问题。表 6.1-1 为各部门主要负责的活动内容。

各部门质量管理职责划分表　　　　　　　　　　　　　　　　　　表 6.1-1

部门＼项目	材料检查 / 工人考试	组织 / 参加现场巡查	提出问题 / 形成清单	组织 / 参加质量会议	质量整改	确认关闭质量问题
业主	随机参加	随机参加	—	参加	—	—
QAQC	参加	组织 / 参加	提出 / 记录	组织 / 参加	—	执行
管理公司	参加	参加	提出	参加	—	执行
监理公司	参加	参加	提出	参加	—	执行
中建安装	组织 / 参加	参加	—	参加	执行	—

中建安装项目内部同时建立质量管理体系，配合宝马质量部门更高效推进质量管理工作。

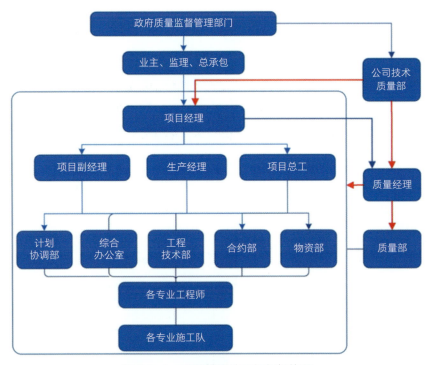

图 6.1-1　质量管理体系组织架构图

1	样板制度
2	质量培训制度
3	ITP 质量联合验收制度
4	材料设备报审及封样制度
5	深化设计制度
6	举牌验收制度
7	技术交底制度
8	质量标准化制度
9	首件验收制度
10	不合格品处理制度
11	成品保护制度
12	检验试验管理制度
13	工序移交管理制度
14	特殊工种持证上岗制度
15	BIM 管理制度
16	BIMS 线上平台质量管理制度
17	施工质量控制延时摄影制度
18	质量奖罚制度
19	项目调试验收移交管理制度
20	建设项目档案管理程序
21	仪表管理制度
22	项目区域 / 系统移交制度
23	技术复核制度
24	红线管理制度
25	厂区月度质量评比

图 6.1-2　质量管理制度一览表

质量组共同制定了检验与测试计划、材料设备报审及封样制、样板制、举牌验收制、厂区月度质量评比等 25 项质量管理制度，见图 6.1-2。

项目开工 20 日内，中建安装牵头组织各部门根据项目质量目标对项目质量管理进行策划，策划的结果形成《宝马项目工程质量管理策划书》，工程质量管理策划与施工组织设计、施工方案等文件协调和匹配，内容包括：施工检查和测试计划、物资（设备）进场验收计划、工艺试验及现场检（试）验计划、特殊过程及关键工序控制计划表等。

质量管理小组建立和编排现场质量检查与试验计划之后，就要严格按照计划和要求进行工作流程，如图 6.1-3 所示。

中建安装结合项目特点提供施工检查和测试计划，施工检查和测试计划按系统划分，每个系统单独编号，见表 6.1-2，表格涵盖了项目全部的施工内容，表格体现了验收项目、验收等级和在此项目中该项验收可能发生的次数。

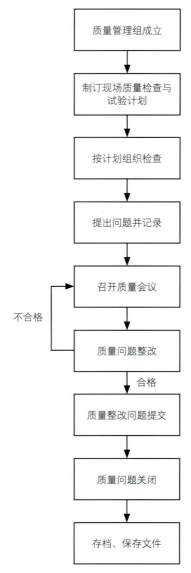

图 6.1-3　工作流程图

施工检查和测试计划统计表　　　　　　　　　　　　　　　　　　表 6.1-2

施工检查和测试计划						
编号	验收项目	验收等级	适用于本项目	版本	规范及验收标准	发生频次
0001	样板工程验收	A	Y	v3	GB 50231—2009 GB 50275—2010	54
1204	混凝土浇筑	A	Y	v3	GB 50204—2015	31
1403	钢结构安装	A	Y	v3	GB 50205—2017	42
2105	室内消火栓系统安装	A	Y	v3	GB 50974—2014	6
3106	风管系统安装	A	Y	v3	GB 50243—2016	6

6.2　质量过程控制

在整个项目建设中，精益化质量管理的理念贯穿整个建设周期，其中主要涉及材料物资、人员、工序等常规管理，一系列的质量样板、质量防控和整改是精益化质量管理的重点，最后总结经验应用到后续的工作中。

6.2.1　进场材料管理

工程项目的材料和设备要符合设计、规范及华晨宝马要求，材料和设备品牌的选择要符合招标采购文件中所规定的品牌范围及技术要求。

材料与设备的型号和厂家的审批，应填写《项目材料、设备及备品备件送审单》，交由相关部门审批。所有更换的备品备件原则上应与原有设施设备保持一致。当更换的备品备件与原有设施设备不一致时，需填写《项目材料、设备及备品备件送审单》，交由相关部门审批。

进行材料进场检查，承包商需要在材料进场检查前的 24h 通知邀请相关部门次日来进行检查。检查合格后方可用于施工安装，检查不合格的材料严禁用于施工安装，然后对检查问题进行记录形成文件，并作为下次复检的附件。

检验试验管理分三阶段管理：取样阶段、试验实施阶段、验证阶段。物资（设备）进场，材料工程师组织邀请质量组进行质量、数量和随货技术资料等验证。试验员根据物资进场验收记录、施工试验通知单或检验和试验委托单，按照规范要求的数量、规格、部位等进行取样、标识及养护，并建立试验台账。试验员及时送检并取回试验报告，提交项目总工程师分析，试验合格的及时通知工程部和质量组，不合格的由项目总工程师制定处置措施，可双倍复检的按规定再次复检，复试样品的试件编号应与初试时相同，但应后缀"复试"加以区别，无法复检或复检仍不合格时，转入《不合格品处置管理流程》，检测试验结果不合格的报告严禁抽撤、替换或修改，初试与复试报告均应进入工程档案。

下面以华晨宝马全新动力电池项目对于风管进场检查为实例，根据设计要求需要对风管的尺寸、风管的厚度和镀锌层厚度进行检测（图 6.2-1 ～ 图 6.2-3）。检测数据依照设计要求镀锌层厚度应为 80g/m², 换算成厚度为 11.2μm，风管几何尺寸根据图纸上设计尺寸，风管厚度根据设计要求。

中建安装要妥善保管和防护进场材料设备，防止材料的损坏、缺失、腐蚀、性能及功能减。对于需要室内存放的材料要建临时仓库存放，不得露天存放。由于现场存放或保护措施不到位造成材料损坏的，建筑供应商要负责采购新的材料，费用自行承担，现场材料及设备保护如图 6.2-4 所示。

焊工考试成果如图6.2-6、图6.2-7所示。

图 6.2-6　焊工考试现场

图 6.2-7　氩弧焊合格照片

6.2.3　施工检测计划管理

对每一道工序进行严格的质量检验，可以及时发现问题并进行整改，避免积累到后期难以处理。根据项目特点进行施工工序划分，便于施工管理和质量控制。在安排施工工序时，需要考虑各工序之间的相互影响和制约关系，避免冲突和干扰。

华晨宝马项目施工前期制订的施工检查和测试计划里面对于每一道工序有详细的质量标准和检验方法，为确保每一道工序质量合格，在工序完成后我方会提前24h以邮件形式邀请质量管理组共同进行质量验收，合格后签写质量验收单留存归档，对不合格的工序进行整改，直至符合质量要求才可以进行下一道工序。

6.2.4　样板工程

在每项施工工作前都要遵循"样板先行"原则，严格遵循样板制度。施工之前在施工现场外项目部办公区内单独建设施工样板房，材料报审通过，确定产品后第一时间在样板房内做好样板，组织业主、管理公司、监理单位联合验收合格后再把施工工艺应用到现场（图6.2-8）。

在施工现场内考虑到施工环境的影响，每项工作进行前也要在现场制作施工样板，邀请各方管理部门现场验收施工样板，并签订样板检查单，合格后该工序才正常开始施工，双样板的验收制度很大程度上保证后续施工高质量进行。管理公司及监理单位对设备基础、散热器样板进行联合验收，材料选择正确，安装位置与图纸相符，水平度和垂直度符合规范要求。

6.2.5　施工过程管理

质量组每周组织各方工程师进行现场巡检以及专项巡检等，并负责跟踪、整理和汇总质量清单，承包商负责执行质量问题整改以及整改过程中的控制。记录下来的现场质量问题形成问题跟踪清单并录入管理平台上，在平台上记录了质量编号、问题等级、专业、问题描述、建议

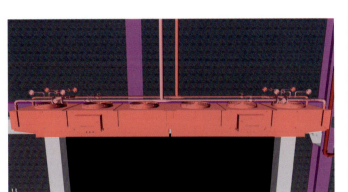
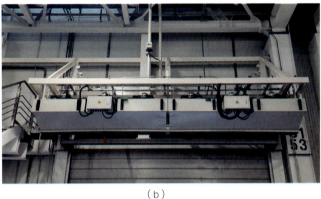

（a）　　　　　　　　　　　　　　　　　　（b）

图 6.2-8　热风幕安装样板施工

NO.	质量编号	专业	问题描述	建议整改措施	提出时间	提出人	计划关闭日期	问题照片	整改照片	关闭时间	是否逾期	逾期预警	逾期原因
1	015738	BAS	在大空间的区	重新固定安装位置。	2024-04-30	Teng Shusheng, BBH-643(C3)	2024-05-07				YES	100%	填写备注
2	015709	消防 Fire Fighting	Above auxili	Sprinkler head has to be relocated	2024-04-28	Zhang Shenghui, BBH-6-N(Century 3)	2024-05-23				NO	56%	填写备注
3	015596	消防 Fire Fighting	Bells of fire	rectify ASAP	2024-04-23	Zhang Shenghui, BBH-6-N(Century 3)	2024-05-22			2024-04-26	NO	19%	填写备注
4	015595	暖通 HVAC	Inside guide	rectify before air duct insulation; to ensure no similar topic in penthouse	2024-04-23	Zhang Shenghui, BBH-6-N(Century 3)	2024-05-07				YES	100%	厂家工人正在
5	015546	暖通 HVAC	branch-off T	modify according to air-flow direction	2024-04-22	Haase Thomas, BBH-64(Century 3)	2024-05-06			2024-05-06	NO	95%	填写备注
6	015542	电气 Electric	桥架拓接线盒	恢复	2024-04-22	Sun Tao	2024-05-04			2024-04-24	NO	17%	填写备注
7	015538	电气 Electric	桥架洞口未做	桥架洞口做防火封堵	2024-04-22	Li Zhiqiang	2024-04-28			2024-04-24	NO	52%	填写备注
8	015465	电气 Electric	铜排螺栓过长	更换螺栓，加垫片	2024-04-17	Sun Hai, BBH-643(C3)	2024-04-30			2024-04-21	NO	20%	填写备注
9	015460	电气 Electric	Prefabricate	The manufacturer should equip all lamps with an extended cable, as requested in the MEA submittal (approx. 1.0 m).	2024-04-16	Kiefer Reiner, BBH-6-N(Century 3)	2024-05-31			2024-04-23	NO	19%	填写备注

图 6.2-9　质量问题跟踪清单

整改措施、位置、计划关闭日期、问题照片、整改照片、是否逾期等信息，并且可以筛选方便查看。如图 6.2-9 所示，是平台上的施工现场质量问题。

质量问题跟踪清单对各质量问题进行等级的划分，分为 A、B、C 三类。

A 类：影响系统安全运行的质量问题。

B 类：影响系统使用功能的质量问题。

C 类：观感或其他不影响系统使用功能的质量问题和其他类型的质量问题。

涉及质量检查计划内各专业的隐蔽工程时，应同时邀请设施管理部门工程师对隐蔽工程进行检查确认，确认合格后才能进行隐蔽（图 6.2-10）。

质量组每周定期组织质量会议，会议邀请各相关方参加，例如业主、管理公司、监理及承包商等；会议展示过去一周发现的质量问题，以及之前未关闭的质量问题，讨论整改方案及措施，并确定合理的整改时间。

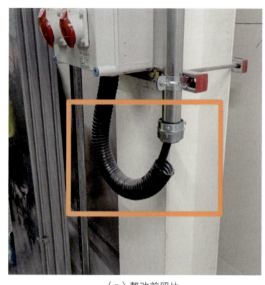

（a）整改前照片　　　　　　　　　　（b）整改后照片

图 6.2-10　插座箱软管脱落整改对比图

会议内容主要分为以下几点：总括、问题提出、专题报告和总结。总括部分主要将本周发现的问题及上周质量整改完成情况进行简单概括。接下来就是针对每一条问题进行详细描述，这里包括之前未关闭质量问题、难整改问题的讨论还有新发现问题的传达。在会议中主要被提及的问题发生的原因有：深化设计中尺寸规范要求没有细致地被提出、不正确的施工方式和方法、前向工序的问题还未整改完成就进行下道工序的施工而导致的大面积重新拆改以及界面管理问题等。专题报告的内容就是对于接下来要检查的工作内容进行通知，对于完成的时间进行预测。

在项目预验收前，质量问题清单中的所有问题应全部处于关闭状态，质量检查计划的全部条目应为已检查完成状态。为及时解决现场质量、安全及进度问题，我们项目部每周召开两次内部会议，排查及解决现场需整改的问题，能够即刻传达质量会议的内容。做到了质量问题及时整改并关闭，不影响施工进展，也不影响建筑和系统的安全和功能。

在项目部会议里，总结前段时间质量问题整改情况，然后针对每一项质量问题进行讨论，针对质量问题是否有异议、整改方法和完成时间以及安排施工队伍进行整改进行讨论。整改好后留存好整改后照片，并通知提出者及相关部门现场检查确认，检查人员认为合格后提交照片，关闭此项整改问题。如消防喷淋头与支吊架过近的问题，此问题会影响喷淋头喷水的有效面积。根据现场情况确定调整支吊架位置更为合理，如图 6.2-11～图 6.2-13 所示，分别为问题描述及现场情况。现场在距喷淋头左侧 30cm 处搭建一根次辅梁，让支吊架安装在次辅梁上。

质量整改结束后承包商提交现场整改后的照片，通知问题提出者和相关负责部门检查人员进行现场检查确认，合格后进行审批通过，不合格会在审批中写出不合格原因并打回重新整改。

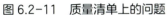

Description 问题描述

消防喷淋头与支吊架过近

Proposed Rectification 建议整改措施

调整支吊架位置

Upload Files 问题图片

⬇ 下载

图 6.2-11 质量清单上的问题 　　图 6.2-12 整改前的问题照片 　　图 6.2-13 整改后的合格照片

6.3 管理成效

　　基于实践的质量精益管理方法,项目一次验收合格率达到了 98% 以上,管理成效大幅提高,通过 BIMS 工厂化管理平台的全过程应用、高精度工厂化装配式施工、高质量标准认证、先进的机电综合排布及各系统多单体联合调试等手段的综合应用,从源头到过程,再到最终成果,每个人都致力于确保每一个环节都达到高标准、高质量的要求。使得这种精益化管理模式得以落地生根。正是基于这种管理模式,我们最终实现了高质量的工程目标,充分展现了精益化质量管理的卓越成效。

　　1. BIM 运用管线综合排布 - 桁架内管道、槽盒排列有序,立体分层、安装规范、标识清晰（图 6.3-1)。

图 6.3-1 　BIM - 桁架内管线综合排布图片

图 6.3-2　现场设备安装排布照片

图 6.3-3　阀门部件安装布局现场照片

2. 设备安装 – 设备零缺陷安装，整齐划一，排布合理，实现成本节约与空间节约双重效益（图 6.3-2）。

3. 管道及阀门仪表 – 阀门部件成行成线，排列有序，标高统一，朝向一致；阀门手柄开关方便，标牌清晰正确（图 6.3-3）。

4. 配电柜安装 – 创新采用防静电绝缘地板，低压柜排列规整，柜面平齐；柜内接线顺直、规范，相色正确，标识清晰，接地可靠（图 6.3-4）。

5. 电缆及桥架安装 – 桥架敷设层次分明，外观横平竖直，线缆绑扎牢固，回路标识清晰（图 6.3-5）。

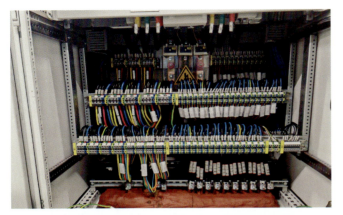
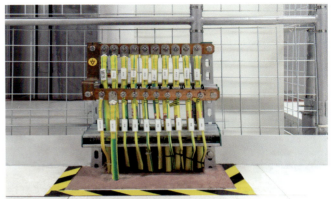

图 6.3-4　配电柜安装布局现场照片

图 6.3-5　电缆及桥架安装布局现场照片

6. 支吊架安装 – 装配式支吊架，安装快捷、美观、受力均衡、牢固可靠（图 6.3-6）。

7. 管道保温 – 保温层与管道粘接严密无气泡、空隙。铝板保护层紧贴保温层，无脱壳、褶皱（图 6.3-7）。

图 6.3-6　支吊架安装布局现场照片

图 6.3-7　管道保温完成照片

8. 灯具安装 - 灯具照度统一，安装牢固，排布合理，整齐划一（图 6.3-8）。

9. 压缩空气系统 - 世界先进的空气压缩系统，采用 OP4.0 智能控制设备启闭时间，调节生产气量与使用气量达到 1:1 完美匹配，整机通过 EMC 欧洲电磁兼容性认证测试。设备布局美观、安装整齐划一、精度高、检修空间合理（图 6.3-9）。

10. 消防系统 - 管道走向顺直，布局合理、美观，通过消防智能报警控制中心控制厂区内 6 大消防系统，联动测试可靠，响应及时，验收一次通过（图 6.3-10）。

图 6.3-8　灯具安装完成照片

图 6.3-9　压缩空气系统完成照片

图 6.3-10　消防系统完成照片

第 7 章

安全精益管理

作为传统建筑工程的延伸，华晨宝马超级汽车工厂以"安全、健康、绿色"为引领，在施工过程中融入多项高新技术，并在 EHS 管理方面提出了更高标准的要求。本章依托华晨宝马系列工厂建设项目，通过 EHS 管理体系和保障措施的构建和实施，结合多部门协同的安全管理体系、专业化引领的安全生产保障措施，利用 BIM 技术、智慧安全平台等进行多方位、精益化管控，针对华晨宝马的安全管理模式，全过程贯彻落实 5S 安全文明施工管理 [①]，以成功的管理经验为同类工程提供参考和借鉴。

7.1　管理体系

7.1.1　精益化安全管理体系

华晨宝马汽车工厂项目结合各个参与方的相关制度，建立了全面的安全生产保证体系（图7.1-1）。在业主方统一协调和管理下，各方安全管理体系相互衔接，各自定位明确，共同形成一个庞大的有机统一的安全管理体系，全面监督管理工程项目的安全，保障了整个系统工程的安全建设。

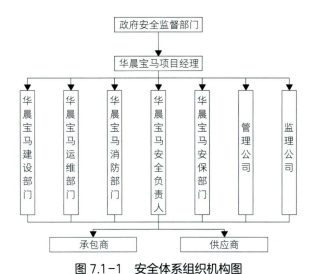

图 7.1-1　安全体系组织机构图

---

① "5S"是整理（Seiri）、整顿（Seiton）、清扫（Seiso）、清洁（Seiketsu）和素养（Shitsuke）这 5 个词的缩写。5S 起源于日本，是指在生产现场对人员、机器、材料、方法等生产要素进行有效管理，这是日本企业独特的一种管理办法。

7.2 管理实施

7.2.1 管理策划

开工前，组织项目部技术、质量、商务、物资等相关人员对工程现状及合同文件进行调查和研判，明确环境、健康、安全管理的各项目标。针对确定的目标进行策划，以便能够在实施过程中顺利完成各项目标。

项目安全生产策划主要内容包括（图7.2-1）：

①项目基本情况；②安全生产组织体系；③重大风险控制计划表；④安全生产技术保证措施；⑤项目安全管理制度编制计划表；⑥安全教育培训计划表；⑦特种设备控制计划表；⑧项目安全生产费用投入计划表；⑨项目安全验收计划表；⑩安全生产活动计划表；⑪安全生产应急管理计划表。

图 7.2-1　EHS 策划专题会议

7.2.2 精益化安全管理对人员、空间、时间的要求

1. 人员的管理

施工人员必须认知、理解并遵守现场安全管理流程，并遵循相关国家标准、地方标准以及BBA 的其他安全相关程序中的健康、安全和环境要求。

施工人员进入华晨宝马厂区之前需要提供身份证照片、一寸免冠白底电子版照片、承包商三级安全教育卡片、体检报告等资料，上传到华晨宝马的软件平台，经过管理公司、业主审批合格后，施工人员访客进入华晨宝马培训中心进行入场安全培训，培训考试合格后发放能够进入施工现场的正式胸卡，施工人员只有刷卡才可以进入施工现场。对于从事不同工种的施工人员，在取得胸卡之后还需要进行相关的培训，例如动火培训、高处作业培训、升降车操作培训、吊装作业培训等，培训考试合格后发放不同颜色的培训合格贴，张贴在胸卡及安全帽上，作业时会有安全巡检人员进行检查。特种作业人员必须持证上岗，特种作业证件必须经查验合格备案（图 7.2-2）。

图 7.2-2　作业人员入场教育档案、门禁及体验区

同时承包商需保证按照 BBA 要求配备足够的安全监护人（如监火人、登高作业监护人、受限空间作业监护人等），且应通过 BBA 相关部门的安全培训方能上岗（图 7.2-3）。

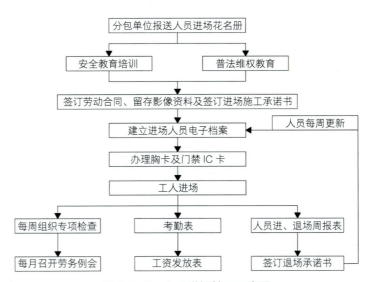

图 7.2-3　人员进场管理示意图

2. 空间管理

华晨宝马实行分区网格化管理，在各个区域配置相应的安全管理人员。在不同的区域分别有建设规划部门的安全管理人员、监理管理人员、工艺安全管理人员进行现场安全管理。

现场施工时需提前开具作业票，作业票的范围为三轴两跨长方形范围（每个柱子间距

18m，范围为 54×36=1944m²)，相关作业人员必须持有本区域的作业票才可以进行作业。作业票的签署权限由相应的网格内监理及管理公司负责。

当作业范围超出"三轴两跨"的网格范围时，必须重新签署新区域的作业票。业主、管理公司、监理公司、承包商的网格区域专职安全管理人员会不定期对作业进行安全巡查（图 7.2-4)。

图 7.2-4　现场网格化管理示意图

3. 时间管理

华晨宝马实行人机工程高效管理，对于作业时间有着强制的要求，正常作业时间为早七点至晚五点，其余时间为加班时间，加班时间必须签署加班申请表。

对于每一个施工人员的作业时间要求，每天工作时间不得超过十一个小时。超过作业时间的必须强制停止作业，防止由于疲劳作业引发事故。在作业时间内管理公司、监理公司以及承包商必须有管理人员在场进行监管（图 7.2-5)。

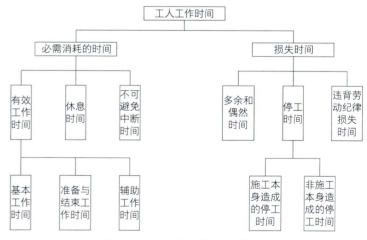

图 7.2-5　工人工作时间分析图

7.2.3 安全流程管控

华晨宝马作业许可制度完善、管控严格；本小节以动火作业为例，介绍华晨宝马的作业许可制度。

动火作业包括任何产生火花、明火或热量可能点燃周边原材料或能够成为工作场所火灾及爆炸隐患的工作，其包括但不限于切割、打磨、电焊、弧焊、气焊、喷灯和热熔等作业。

动火作业审批人员、检查人员和操作者，监火人及业务部门动火作业许可审批的人员都要接受动火作业安全培训并经过安全管理部门的确认，且培训在有效期内。该培训和确认过程每隔 12 个月都需进行一次（图 7.2-6）。

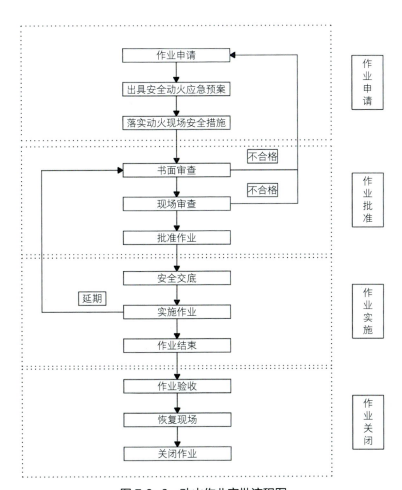

图 7.2-6 动火作业审批流程图

承包商如需有动火作业，需要提前填写动火许可证，将具体信息按照要求填写到动火证文件上（所需信息内容包括作业单位信息、作业的时间地点、作业的内容、动火作业的动火人及监火人和联系方式、动火作业的完全防护措施等）。然后须按照约定的时间提前向动火作业审批部门申请《动火许可证》，申请有效期限不超过 24h。在申请完成之后到动火开始之前，这

图 7.2-9　安全锁及挂牌示意图

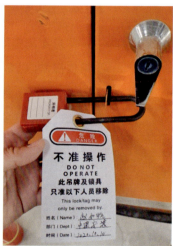

图 7.2-10　现场临时配电箱安全管理示意图

7.3　精益化管理措施

7.3.1　智慧安全管理平台

　　基于中建智慧安全平台的垂直安全管理，使施工企业真正实现纵向到底、横向到边的全过程安全监管。通过现场多方位设置的摄像头接入中建智慧安全平台，使得各层级的管理者能够实时监控现场安全状态；通过检查照片、数据的收集上传，可以及时掌握现场安全隐患的动态管控情况，平台可以自动分析隐患占比、安全评分等，为管理者提供管控提示和决策依据。

　　1. 相关人员信息录入

　　系统提供人员上岗证件的创建、信息录入、导入导出、查询统计功能；提供人员考核奖惩措施和情况的创建、信息录入、导入导出、查询统计功能；并可实现考核奖惩措施的流程审批，可根据条件进行自动判断流转路线以及提供相应的催办提醒等功能，如图 7.3-1 所示。

序号	*单位名称	*姓名	人资岗位	*主职岗位	*
1	宝马全新动力电池项目	田爽	项目暖通部门负责人	技术总工	
2	宝马全新动力电池项目	冯岩明	项目生产经理	生产经理	
3	宝马全新动力电池项目	张志明	项目暖通专业工程师	生产经理	
4	宝马全新动力电池项目	李文胜	项目电气专业负责人	质量总监	
5	宝马全新动力电池项目	喻正海	项目部门经理（安全）	安全工程师	
6	宝马全新动力电池项目	赵博	项目安全总监	安全总监	
7	宝马全新动力电池项目	曲校言	项目安全员	安全工程师	
8	宝马全新动力电池项目	张凯铭	见习生（设备）	技术工程师	
9	宝马全新动力电池项目	李浩然		技术工程师	
10	宝马全新动力电池项目	赵航	见习生（土建）	技术工程师	
11	宝马全新动力电池项目	庄茂新	项目执行经理	项目经理	
12	宝马全新动力电池项目	李博强	项目安全员	安全工程师	

图 7.3-1 人员资质信息图

2. 隐患管理

信息采集分析—系统采用云 + 手机移动端的模式，发现施工现场安全隐患时直接拍照，选择隐患类别、隐患级别、指定整改负责人，发送整改消息，实时监控隐患销项情况。内置安全隐患库，存储所有隐患及其整改情况、本月整改情况、隐患级别和隐患类型，提供最近 7 天的隐患趋势。系统云 + 手机移动端界面如图 7.3-2 所示。

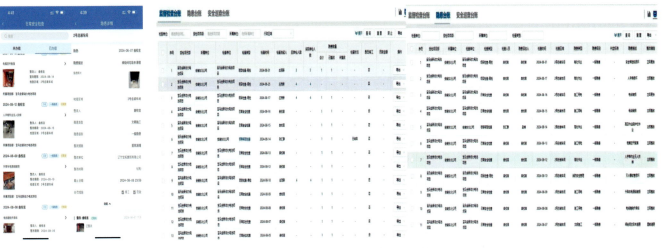

图 7.3-2 系统云 + 手机移动端平台示意图

中建安装承接的华晨宝马系列项目，通过 BIM 建模广泛应用于安全管理各环节的技术手段，极大提高了项目安全管理的工作效率和管理效果，为项目安全全过程精益管理的应用提供了参考和借鉴。

7.4.1　数字化厂区临设规划

在建筑施工中，要想让施工可以顺利地进行，提升施工的质量和效率，保障安全，就需要科学地对施工场地做出规划。利用 Revit 场地模型搭建，对施工操作进行真实状态的模拟并生成三维场地布置图，实现有限场地合理利用，最大限度地节约资源。通过建立施工现场及办公区模型，模拟施工围挡、材料堆场，安全讲评台、危险品仓库等 CI 布置，使其更加合理，深化 CI 布置方案提升项目和企业形象（图 7.4-1）。

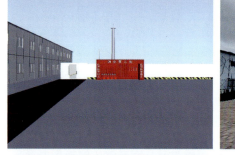 

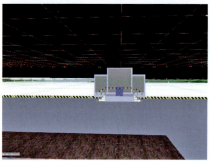 

图 7.4-1　Revit 模型临设布置示意图

第四篇

精品智造　赋能智慧绿色工厂

中共中央办公厅、国务院办公厅印发的《关于推动城乡建设绿色发展的意见》指出，城乡建设发展应以绿色低碳发展为路径，并从建设高品质绿色建筑、实现工程建设全过程绿色建造等方面提出转型发展要求，沈阳华晨宝马汽车工厂作为"世界一流"的智能化超级汽车工厂，代表了"德国工业4.0"，诠释着"精益、绿色、数字化"的理念。以沈阳华晨宝马汽车工厂机电安装系列工程为背景，在工程建设全周期，秉承"智慧赋能、绿色建造"的施工理念，通过数字化、信息化、自动化和智能化等不同的视角，采用理论计算、数值模拟、新技术应用、工程项目推广的方式，研发宝马超级汽车工厂绿色工厂成套施工关键技术，为智能化汽车工厂快速建造发展提供保障，为节能环保、绿色施工提供施工借鉴，助推中国建筑行业"建筑工业4.0-智能化时代"快速发展。

第 8 章

智慧建造

提升建筑能效

华晨宝马超级汽车工厂以优化提升机电系统的功能性及节能性为目的，针对其设计、建造及调试运行特点，通过理论计算、数值模拟、新技术应用等方法，实现了项目数字化管理、绿色建造、供配电系统安全稳定、资源高效利用、节能降碳。

8.1　设计建造关键技术

华晨宝马超级汽车工厂建设工期短，精益建造要求高，为实现建设各参与方的协同工作，传统的 CAD 模式受限，BIM 技术成为数字建造的重要依托。但是超级汽车工厂机电设计数据庞大，为确保施工进度、安全和数据的完整性和准确性，需对设计建造技术进行深入地研究。

8.1.1　支吊架设计建造关键技术

1. 技术简介

（1）技术背景

本技术基于华晨宝马汽车工厂冲压车间一期机电工程，建筑结构形式为桁架结构，局部二层，屋面设计有屋脊和天沟，建筑高度 16.65m，桁架间距 6.25m，见图 8.1-1。

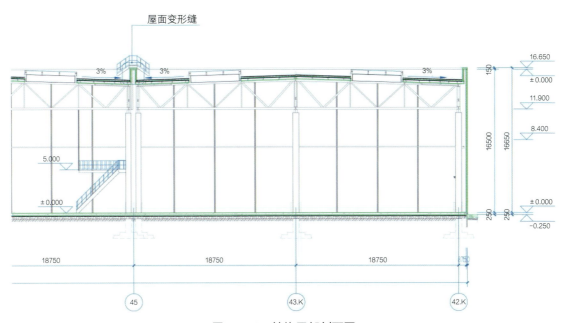

图 8.1-1　结构局部剖面图

4）建立支吊架正向出图管理流程，如图8.1-6所示，由模型导出支吊架图纸供现场使用。支吊架大样图包含材料种类、规格、尺寸、数量和支吊架布点，同时每个形式支吊架附有载荷计算书。

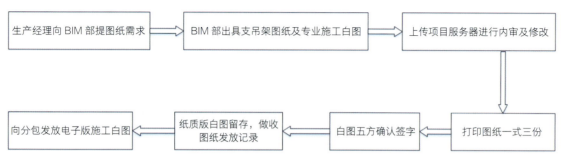

图 8.1-6　支吊架正向出图管理流程图

5）施工前进行三维可视化交底、技术交底、现场实操交底相结合模式，对操作人员进行全覆盖交底和阶段考核，确保支吊架成型质量和安装质量。

6）根据图纸进行批量化预制。流程：型钢下料—配件选配—框架组装—螺杆紧固—附件安装—螺杆紧固检查—支吊架编号。

7）应用厂房顶棚机电辅梁和管线安装的装置，见图8.1-7安装辅梁和管线，支吊架按照布点图和编号批量安装，安装完成后，复核支吊架位置和标高。

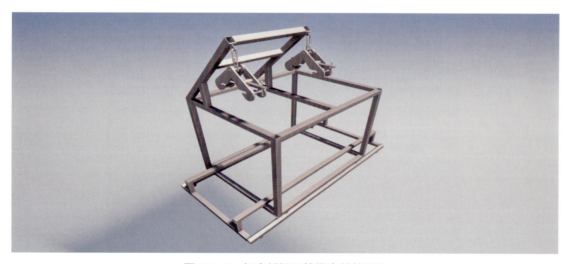

图 8.1-7　机电辅梁和管线安装装置图

一种高大空间厂房顶棚机电辅梁及管线安装的装置，包括360°转向的底座框架，底座滚轮设置锁定装置，底座结构上设置平行导轨，放置平行移动主框架，主框架结构上设置主夹具和副夹具，整体装置放置在升降平台上使用。

利用BIM技术实现综合管线调整和支吊架模型绘制，有效地化解了管线集中安装和空间

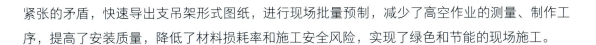

紧张的矛盾，快速导出支吊架形式图纸，进行现场批量预制，减少了高空作业的测量、制作工序，提高了安装质量，降低了材料损耗率和施工安全风险，实现了绿色和节能的现场施工。

8.1.2 BIM 信息编码结合技术

1. 技术简介

（1）技术背景

以项目管理实践为依据，根据现有建筑信息分类与编码标准，分析不同信息分类及编码体系的编制原理、方法及优缺点。以模型协助运维为基础，吸收不同编码体系的优点，利用线上协同平台将信息编码技术与数字 3D 技术相结合，组建了一套符合华晨宝马项目生态的、适用于多种应用环境的 BIM 信息编码结合技术，采用"位置信息 + 构件信息"的构件信息编码方式，即 SLC 编码体系。

（2）技术特点

通过编码对构件进行唯一识别、跟踪和管理，实现以构件模型为基本单元的信息提取和交互，这套系统以构件的基本信息为依托，通过位置信息、系统信息两大模块，对构件进行唯一性编码定义，赋予现场能看到的所有固定资产都有一个唯一的"身份证"。在运维期间，无论是从虚拟到现实，还是从现场到模型，维保人员都可以通过这张"身份证"，对出现问题的设备或管线进行快速的定位以及信息的查询。

基于 BIM 模型的信息编码系统具有以下技术特点：

1）标准化：采用统一的编码标准，确保信息的一致性和规范性。

2）关联性：与 BIM 模型紧密关联，实现模型与信息的相互对应。

3）多维性：能够容纳多种类型的信息，如几何、物理、功能等方面。

4）可扩展性：方便根据项目需求进行扩展和定制。

5）准确性：保证信息的准确录入和提取，减少错误。

6）集成性：与其他系统集成，实现信息的共享和流通。

7）追溯性：可以跟踪信息的来源和变更历史。

8）高效性：提高信息管理和查询的效率。

2. 技术内容

系统标识编码技术路线如图 8.1-8 所示。

SLC 编码规则详见图 8.1-9。

以华晨宝马全新动力电池项目 -2 号总装车间、2 号转运车间，精密空调室内机室外机，SLC 编码技术应用为例（图 8.1-10）。

构件编码唯一确定后，在 BIM 模型中，将编码信息输入进模型图元的参数信息中，见图 8.1-11，使得编码与更详细的设备信息进行绑定，完成信息录入的模型，通过模型质量验收后，上传至线上管理平台，并与 SAP 系统（运维管理系统）与 BAS 系统（楼宇自控系统）连锁，做到一码多用，信息活用。

定的改进，但仍然存在一些问题需要解决。例如，传统的设计方法仍然依赖于二维平面图纸，无法很好地呈现三维空间信息，导致了设计错误和沟通困难。

（2）技术特点

协同设计通过建立设计团队间的有效沟通和协作机制，减少设计过程中的信息传递和冲突，提高设计效率。设计团队可以实时共享设计数据和信息，并能够对设计方案进行快速调整和优化。协同设计综合不同专业人才的智慧和经验，避免单一设计师的思维局限，从而提高设计的质量和可行性。协同设计还可以在设计初期就进行多领域的协调和验证，减少设计过程中的错误和返工。

协同设计可以通过提前发现设计问题和风险，避免设计错误导致的后期修正和重建，从而降低项目成本和风险。通过优化设计方案，提高资源利用效率，进一步降低成本。协同设计在设计阶段就考虑施工的可行性和效率，避免设计上的难以施工或不合理施工的问题。设计团队可以与施工团队进行紧密合作，充分考虑施工的要求和限制，提供详细和准确的设计方案，提高施工效率。协同设计可以通过建立统一的设计数据库和信息平台，实现各类设计数据的集成和共享。设计团队可以随时查看和获取相关设计文档、图纸和参数，促进信息交流和共享，提高设计效率和准确性。

2. 技术内容

（1）BIM 模型构建与数据整合

BIM（Building Information Modeling）模型构建与数据整合是厂房机电安装协同设计中的重要环节。BIM 是一种基于三维数字模型的设计方法，通过集成各种建筑和机电系统的信息，实现设计、施工和运营管理的全生命周期协同。

BIM 模型构建主要包括以下几个步骤：

1）收集数据和信息：收集与机电安装相关的各种数据和信息，包括建筑结构、设备参数、管道布置、电气布线等。这些数据可以来自设计规范、设备供应商提供的参数表、现场测量数据等多个来源。

2）创建几何模型：使用建模软件将收集到的数据和信息转化为几何模型。几何模型可以是三维模型，用来表示建筑物的外形和结构，也可以是二维平面图，用来表示设备布置和管道走向等。

3）添加属性和关联信息：在几何模型的基础上，添加各种属性和关联信息。属性信息包括设备的型号、功率、规格等，可以用于后续的数量计算和材料清单生成。关联信息包括设备之间的连接关系、管道与设备的连接方式等，用于后续的碰撞检测和冲突解决（图 8.1-13）。

4）整合多个子模型：厂房机电安装通常涉及多个子系统，如给水系统、排水系统、暖通系统、电力系统等。图 8.1-12 展示了一个整合了各个子系统模型的总模型，此模型可确保它们之间的协调和一致性。

5）数据验证和修正：对模型进行数据验证，确保模型的准确性和可靠性。通过与设计规范和标准进行对比，检查模型中是否存在错误、遗漏或不合理之处，并进行相应的修正。

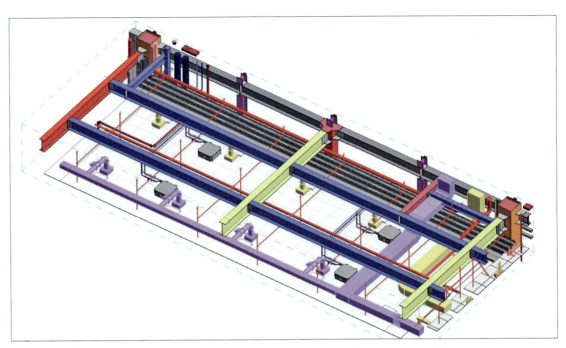

图 8.1-12　管道综合排布示意图

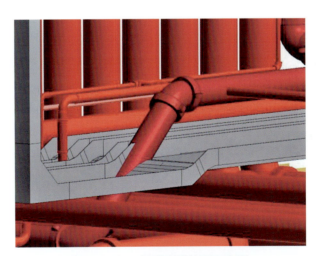

图 8.1-13　管道碰撞检测示意图

数据整合是指将来自不同来源和格式的信息整合到 BIM 模型中，并确保信息的准确性和一致性。数据整合可以通过手动输入、批量导入、数据转换等方式实现。在整合过程中，需要注意数据的格式、单位和坐标系等要素，以确保数据在模型中正确地显示。BIM 模型构建与数据整合的目的是提供一个全面且准确的数字化模型，用于支持机电安装的设计、施工和运营管理。通过有效的 BIM 模型构建和数据整合，可以提高设计效率、降低错误和冲突的发生率，同时优化资源利用和施工过程，实现机电安装项目的协同设计与管理。

（2）机电安装项目信息共享平台设计

机电安装项目管理是一个复杂的过程，涉及多个专业领域的合作和信息交流。然而，传统的管理方式往往会出现信息孤岛、沟通不畅等问题。因此，开发一个高效的机电安装项目信息共享平台迫在眉睫。机电安装项目信息共享平台的设计旨在解决机电安装项目管理过程中的信息共享和协同工作的问题。

平台将提供一个统一的界面，用于管理机电安装项目的基本信息，包括项目名称、责任单位、负责人等。可以通过平台录入、查看和修改这些信息，以便所有相关人员实时了解项目的基本情况。平台将提供一个文件管理系统，用于存储和共享各类机电安装项目相关的文件，如施工图纸、设计文件、合同文件等。用户可以按照项目进行文件分类，并设置权限，确保只有授权人员能够访问和编辑文件，提高文件管理的效率和安全性。

平台将提供项目进度管理功能，可以记录和跟踪机电安装项目的进展情况。同时，可以设定里程碑和任务，并分配给相关人员，实现任务的可视化管理和协同工作。通过平台，各个责任单位和相关人员可以实时查看项目进度和任务状态，及时沟通和协调，提高项目管理的效率和准确性。提供实时沟通和协作工具，方便项目参与人员之间的交流和协作。用户可以通过平台发送消息进行讨论，并可附加相关文件或图片，提高沟通的效率和准确性。同时，平台还可以记录和归档沟通记录，便于后续查阅和追溯，同时将自动收集和整理机电安装项目的各类数据，并提供数据分析和报表生成功能。用户可以根据需要生成项目进展报告、质量报告、成本报告等，便于项目管理人员进行决策和监控（图8.1-14）。

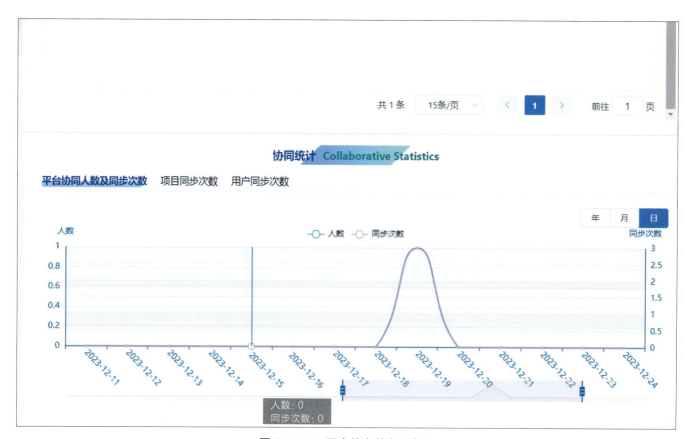

图 8.1-14　平台信息共享示意图

综上所述，机电安装项目信息共享平台的设计将以提高信息共享和协同工作效率为核心目标，通过统一的界面、文件管理、进度管理、实时沟通和数据分析等功能，实现机电安装项目的高效管理和优化。

（3）协同设计流程与工作方式

协同设计流程与工作方式是指在设计领域中，多个设计师或相关人员共同合作完成设计任务的一种方式。在开始协同设计之前，需要明确项目需求和目标，并确定每个设计人员的专业领域和责任分工。这样可以确保每个人都清楚自己的任务和职责。

在整个设计过程中，设计人员需要进行频繁的沟通与协作。他们可以通过面对面会议、电话、电子邮件、即时通信工具等方式进行交流，讨论设计方案、提出建议、共享进展和解决问题。设计人员应使用共享设计平台或工具来存储和管理设计文件和数据，这样可以确保所有相关人员都能够及时获取最新的设计版本，并进行协同编辑和更新。协同设计可以采用并行设计的方式，各个设计人员在完成自己的部分后，将其整合到项目中进行综合优化。通过不断地迭代和反馈，逐步完善设计方案，直至达到最终的目标（图 8.1-15）。

楼层平面: 屋面自动喷淋干管平面布置图A Sprinkler MainPipe Plan Below Roof A（标注）的可见性/图形替换

模型类别　注释类别　分析模型类别　导入的类别　过滤器　Revit 链接　协调模型

可见性	半色调	基线
1989_0510_A_Ceiling1209_SD_CCIEE.rvt	☐	☐
1989_0510_BAS_OM_SD_CCIEE.rvt	☐	☐
1989_0510_EL_OM_DD_SIIEC.rvt	☐	☐
1989_0510_EL_OM_SD_CCIEE.rvt	☐	☐
1989_0510_EN_OM_SD_CCIEE.rvt	☐	☐
1989_0510_H_DUCT_OM_SD_CCIEE.rvt	☐	☐
1989_0510_H_PIPE_OM_SD_CCIEE.rvt	☐	☐
1989_0510_IT_OM_SD_CCIEE.rvt	☐	☐
1989_0510_P_OM_DD_DFD_2A.rvt	☐	☐
1989_0510_P_OM_SD_CCIEE.rvt	☐	☐
1989_0510_P_ZP_SD_CCIEE-二号报警阀.rvt	☐	☐
1989_0510_SS_PartA3_SD_CSCEC3B.ifc.RVT	☐	☐
1989_0510_SS_PartB1B2_SD_CSCEC3B.ifc.RVT	☐	☐
1989_0840_P_ZP_SD_CCIEE.rvt	☐	☐

图 8.1-15　各专业模型链接示意图

在关键节点或设计阶段完成后，可以进行设计评审，邀请相关专家或决策者参与，对设计方案进行评估和讨论。根据评审结果，进行必要的调整和决策。在协同设计过程中，需要对设计决策、讨论内容、设计变更等进行记录和归档。这样可以方便后续查阅和溯源，并为类似项目提供经验借鉴。总之，协同设计流程与工作方式强调团队成员之间的密切合作、持续沟通与协调，通过共享设计资源、并行设计和迭代优化，最终实现高质量的设计成果。

8.2　高效调试关键技术

机电系统是汽车厂房的重要组成部分，只有做好调试工作才能保证系统稳定运行。机电系统安装调试步骤烦琐，有较强的专业性，相关技术标准高，只有提高技术标准要求，才能保证机电系统的可靠性。利用细化现有安装调试流程、强化安装调试技术管理等方式，严格依据现有建设图纸及相关参数开展工作，以全面提高机电系统的使用效率及可靠性，使其满足汽车工厂的运行要求。

8.2.1　压缩空气系统调试技术

1. 技术简介

（1）技术背景

空气压缩系统采用变频无油螺杆空压机搭配零气耗鼓风热吸附式干燥机，成套设备采用 PLC 集成控制，压缩机最大运行压力 8.5bar，工艺需求系统运行压力稳定 5.2bar，系统内管道均采用 S304 不锈钢材料，管道施工洁净度高，含油量低于 0.01mg/m³，露点低于 -40℃，因此，正确地管理压缩空气系统，可以有效地节省能耗、降低维护费用和减少故障停机时间。同时，可以进一步地增加用气设备的产量，提高成品质量。

（2）技术特点

Optimizer4.0（最优控制）集控系统与变频无油螺杆空压机进行底层总线互连，通过采集安装在空气总管上压力传感器的信号，根据总管压力的波动数据进行实时计算，可以计算出工厂工艺设备用气的波动情况和气量需求，通过比较工厂的用气波动数据与存储在 OP 系统内各台设备的基本性能参数，进行比较和分析，从而决定各台设备的启停顺序，进行优化调控。尽可能减少卸载，减少启停，避免卸载导致的放空及启停带来的大功率低压设备对电网的冲击，优先对组内变频压缩机进行连续调节及负荷分配，及时匹配工艺设备气量的变化。合理根据气量需求来判断投入或退出相关的压缩机，从而达到稳定管网压力，实现系统节能的目的。同时优化控制器 Optimizer 4.0 通过总线与系统中的干燥机进行通信，实时监测干燥机的运行状态，如图 8.2-1 所示。

空压站核心设备空压机、干燥机及循环水系统均采用 PLC 集中控制，实时监测末端用气量，依据主管道气压变化控制干燥机主管电动阀门开关，同时联动控制空压机运行，此系统具有以下优点：

采用 Optimizer4.0 集控系统，精确控制和操作维护方便，保证整个压缩空气系统的长期安全、经济、合理和高效运行，可以有效地节省能耗、降低维护费用和减少故障停机时间。同时，可以进一步地增加用气设备的产量，提高成品质量。

压缩空气采用 Optimizer4.0 集控系统，可以在调试过程中准确观察气量变化及设备运行状态，在不同生产工况下，根据主管道气压变化，统一调配系统内设备运转。与此同时控制干燥机主管电动阀门开关，采用零气耗自动排水阀，避免干燥完全的压缩空气重复吸附再生，造成能源浪费。详见控制系统原理图 8.2-2。

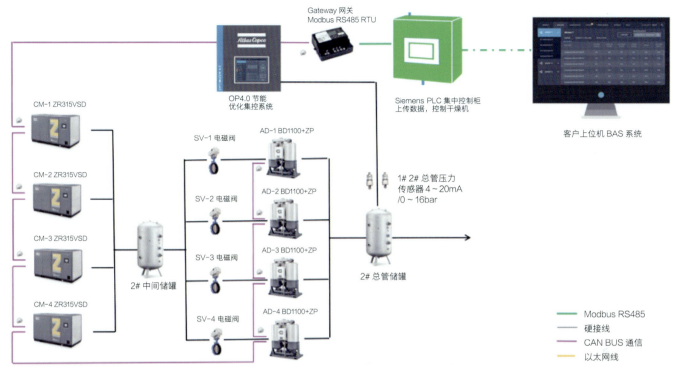

图 8.2-1　空压系统原理图

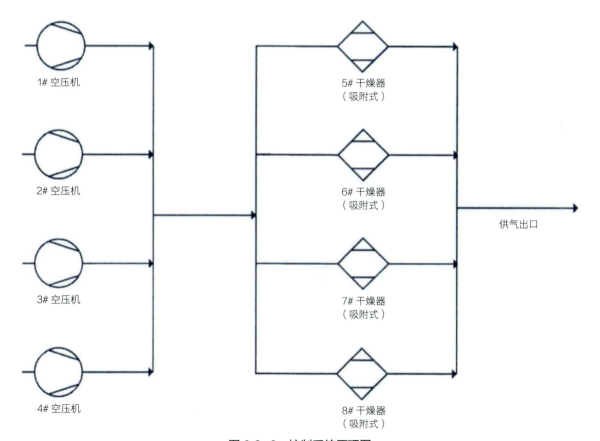

图 8.2-2　控制系统原理图

2. 技术内容

（1）压缩空气系统调试工艺流程如图 8.2-3 所示。

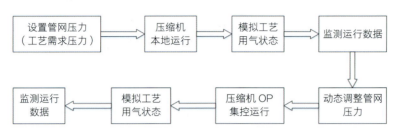

图 8.2-3　压缩空气系统调试工艺流程图

（2）关键技术介绍

本系统控制模式包括以下两种：

1）设备本地操作模式：用户在空压站就地对压缩机单机进行启停操作，在 OP4.0 界面可以监视压缩机的状态，但不能对压缩机进行远程控制，设备之间也不具备连锁关系；

2）设备集控操作模式：在集控操作模式下，以系统总管压力为控制目标，OP4.0 集控系统（图 8.2-4）以各组压缩机运行时间为基础排序，按照预先设定的工作模式，自动启动压缩

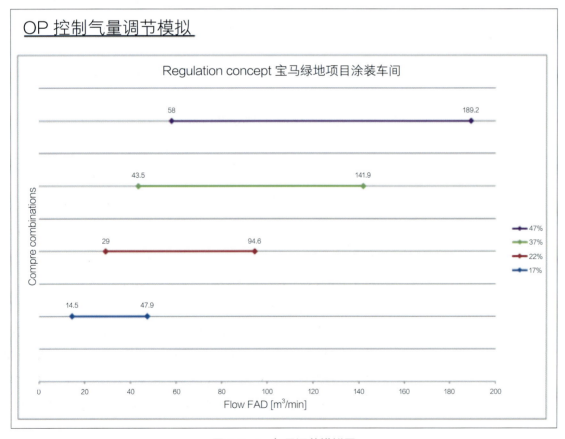

图 8.2-4　气量调节模拟图

机来匹配用气需求，并且平衡系统内所有压缩机，从而减少维护服务次数，降低维护成本；

3）结合不同生产工况，采用 Optimizer4.0 集控运行方式有以下 7 种运行模式：

① Optimizer4.0 集控系统可以根据设定要求自动切换机组的运行次序，累计每台机组运行时间，自动选择运行时间最短的机组，使每台机组运行时间基本相等，以合理的机组匹配用户负荷，实现节能、高效运行，同时平衡各机组的运行时间，以延长机组使用寿命。

②通过监视系统压力，Optimizer4.0 集控系统实时检测系统压力的变化，与设定值进行比较，通过判断做出相应控制决策。

③当系统启动时，实际压力低于系统工作压力设定值，Optimizer4.0 集控系统首先启动 AC 变频压缩机；当变频压缩机运行于最高转速后，如实际压力还低于设定的工作压力，则启动运行时间最短的压缩机；如实际压力仍然没有超过设定的工作压力，则启动运行时间第二短的压缩机。以此类推，持续开启压缩机，提高系统压力，直至供气压力超过设定的系统工作压力，变频压缩机作为调节压缩机保持压缩空气的运行平稳，而非使用定频压缩机进行加卸载调节。

④当实际压力高于系统卸载压力设定值时，Optimizer4.0 集控系统首先降低变频压缩机的转速以减少供气量；如变频压缩机工作于最低转速，实际压力仍然高于系统卸载压力设定值，则卸载最先启动的压缩机（运行时间最长的压缩机）以匹配用气需求；如系统压力还是系统卸载压力设定值，则依次自动卸载运行中的压缩机，减少供气量，使系统压力降低。当总管压力保持稳定，压缩机连续卸载超过一定时间，Optimizer4.0 集控系统自动停止最先卸载的压缩机，节约能耗。

⑤运行过程中，当运转中的压缩机发生故障停机，Optimizer4.0 集控系统根据突发事件自动停止故障压缩机，切换投运备用设备。

⑥ Optimizer4.0 集控系统可以根据设定要求自动切换机组的运行次序，累计每台机组运行时间，自动选择运行时间最短的机组，使每台机组运行时间基本相等，以合理的机组匹配用户负荷，实现节能、高效运行，同时平衡各机组的运行时间，以延长机组使用寿命。

⑦通过监视系统压力，Optimizer4.0 集控系统实时检测系统压力的变化，与设定值进行比较，通过判断做出相应控制决策。

8.2.2 闭式冷却塔调试技术

1. 技术简介

（1）技术背景

华晨宝马系列项目的室外冷源均来闭式冷却塔，一般闭式冷却塔在夏季采用喷淋泵降温的湿式（蒸发式）模式，冬季采用风扇降温的干式模式。多用于冷机设备降温及冷却循环水板换一次侧降温。拥有两种运行模式的闭式冷却塔采用 50% 乙二醇为介质，进风干球转换温度约在 17.8℃，严谨的选型能极大的发挥其对于系统的蒸发冷却降温能力。随着闭式冷却塔在工厂水系统的广泛应用，调试本设备的技术就显得尤为重要。

（2）技术特点

目前，循环冷却水系统中冷却塔通常采用开式冷却塔，但是，开式冷却塔有诸多弊端：电能和水资源消耗大、水质受天气的影响大、冬季不能连续运行和不能实现自动控制等。为了保证工厂核心设备的连续运行和降低运行维护费用，华晨宝马的循环冷却水系统采用闭式冷却塔，这样既能保证全年制造设备稳定运行，又能满足主要设备对循环冷却水的水质要求，还能降低运行及维护成本。

闭式冷却塔的调试技术是针对高效设备的专项调试技术，其目的是减少施工成本，提高施工效率，增加设备使用寿命，保证设备使用功能。对于不同参数的闭式冷却塔，调试步骤举一反三，能够广泛的解决相关调试问题。总结设备参数的设定要求为后期项目设备选型及功能设计提供宝贵的应用经验。本内容针对喷淋水系统、智能水处理、调试过程中难点问题的处理方法等方面均有关键技术的提炼。

2. 技术内容

（1）闭式冷却塔调试流程如图 8.2-5 所示。

图 8.2-5　闭式冷却塔调试流程图

（2）闭式冷却塔调试内容

闭式冷却塔调试前的要求见表 8.2-1。

闭式冷却塔调试前的要求信息统计表　　　　　　　　　　　　　　　　表 8.2-1

序号	内　容
1	冷却塔通风机电气接线完成
2	冷却塔喷淋水泵电气接线完成
3	智能水处理设备电气接线完成

1）闭式冷却塔风机调试

①通风机介绍

通风机采用铝合金轴流式叶片，安装在尺寸合适的带有文丘里进风口的排风筒内。通风机的轴承选用重载型自调心的滚珠轴承，润滑油可由延长油管在设备外注加，轴承的寿命最少为

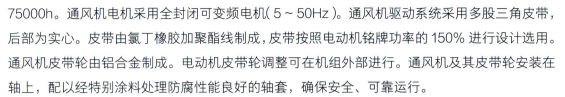

75000h。通风机电机采用全封闭可变频电机（5～50Hz）。通风机驱动系统采用多股三角皮带，后部为实心。皮带由氯丁橡胶加聚酯线制成，皮带按照电动机铭牌功率的 150% 进行设计选用。通风机皮带轮由铝合金制成。电动机皮带轮调整可在机组外部进行。通风机及其皮带轮安装在轴上，配以经特别涂料处理防腐性能良好的轴套，确保安全、可靠运行。

②通风机调试顺序

电机接地电阻检测→检查电机电源情况→启动通风机电机变频器→检查电机正反转→反转需调整电气接线（正转无需调整）→启动通风机电机变频器→检查风机振动、噪声情况→当风机工频运行时，检查风机电压及电流情况→一切参数正常通风机调试完成。

③出现问题的解决方式

a. 电机反转时，需调整电气接线；

b. 风机运行振动、噪声过大时，需检查叶片连接是否稳靠，叶片是否和塔体有摩擦等；

c. 风机工频运行电流过大时，需检查电机功率是否正确、机械部分是否有损坏。

2）闭式冷却塔喷淋水系统调试

①喷淋水系统介绍

喷淋水系统是将水盘内的水通过喷淋水泵提升到喷淋主管中，再通过 ZM 喷嘴喷出，喷射到盘管翅片上，将盘管翅片冷却，带走热量，实现冷却。水盘的水源为市政自来水，通过带有可调节的塑料球的黄铜浮球阀控制，低水位时补水，水位满足要求时自动关闭。水盘中有大面积的可拆卸的多孔网罩，采用 SUS304 材质，确保进入喷淋水泵中无较大物体。喷淋泵采用机械式密封连接离心式水泵垂直安装，水盘排空时水会从水泵中排出。ZM 喷嘴使用重载尼龙制造，是特大防堵式，其颈部深入喷淋管以避免污物进入喷嘴。ZM 喷嘴以螺纹连接在聚氯乙烯的喷淋集管上，以方便维护。

②喷淋水的调试顺序

电机接地电阻检测→检查喷淋泵电源情况→开启喷淋泵电源→检查喷淋泵电机正反转→反转需调整电气接线（正转无需调整）→启动喷淋泵→检查喷淋泵运转情况→水盘内液位下降，检查浮球阀是否正常开启→水盘内液位平衡调整→一切参数正常通风机调试完成。

③出现问题的解决方式

a. 电机反转时，需调整电气接线；

b. 水泵运行过程中噪声过大时，检查叶轮和泵体间是否有摩擦；

c. 浮球阀不能正常开启时，检查浮球阀是否有卡死，进行清理；

d. 溢流水管流水时，调整浮球高度，实现液位平衡。

3）闭式冷却塔智能水系统调试

①智能水处理装置介绍

闭式冷却塔是通过一部分循环喷淋水的蒸发来实现冷却的，饱和的热湿空气排入大气中。随着这部分喷淋水的蒸发，含在水中的矿物质及杂质以及空气带入的污染物残遗留下来。这些杂质和污染物会持续在系统中循环，必须得到控制，以避免由于过度浓缩而导致的结垢、腐蚀、污物积聚和生物污染。控制设备：缓蚀阻垢剂加药装置（FMF）；杀菌剂加药装置（BCF）；电导率控制器；化学品：缓蚀阻垢剂及杀菌剂药剂以控制系统的结垢、腐蚀及微生物滋生。

②智能水处理的调试顺序

启动喷淋水系统→开启阀门喷淋水流经 FMF 和 BCF 两个药剂装置→缓蚀阻垢剂、杀菌剂释放到喷淋水中→电导率控制器检测电导率数值，控制喷淋水的浓缩倍数→电导率超标，通过自动排水系统排水。

③设备功能详述

电导率控制器装置：电导率控制器通过环形传感器，持续地测量循环水的电导率来维持循环水的浓缩倍数。当电导率超过该系统设置的数值，控制器上的一个自动排水阀会将系统内高电导率的水排出。低电导率的补给水代替了排出的高电导率水，从而降低了循环水的电导率。当电导率低于设定数值，控制器会进入无控制作用区，断开自动排水阀。这样能维持喷淋水的电导率在规定的区域内，通过控制喷淋水的浓缩倍数有助于提高水资源的利用率。

缓蚀阻垢剂加药装置（FMF）：此装置的作用是维持和扩散多个管状包装的固体化学抑制剂。管状包装能释放防结垢、防腐蚀的固体化学药剂。在湿式运行模式下，每个管状药剂能不断地释放化学药剂超过 30d。

杀菌剂加药装置（BCF）：此装置的作用是维持和扩散特殊的颗粒状的杀菌剂。BCF 有两个药剂篮，将杀菌剂注入到药剂篮的顶部。在湿式运行模式下，每个药剂蓝会释放等量的杀菌剂超过 30d。

（3）闭式冷却塔设备运行程序

循环冷却水系统正常运行，观察冷却水供水管道压力及回水管道压力，确保盘管内充满循环冷却水。启动喷淋泵，检查水泵运行状态，喷淋泵无阻塞现象，喷头喷水后跌落至水盘内。启动通风机，检查风机运行状态，无特殊振动及噪声。启动电导率控制器，监控喷淋水浓缩倍数。闭式冷却塔冷却效果明显，确保循环冷却水系统稳定运行。

8.2.3 AHU 大型空调机组调试

1. 技术简介

（1）技术背景

华晨宝马汽车工厂中，通风系统分布广泛，风口数量庞大，不同房间及区域对风量要求也相对严格，同时对建筑的节能降耗效果也有相应的标准。工厂大致功能分区有办公区、生产区和休息区，风平衡调试质量对中央空调系统的使用有着较大的影响。

（2）技术特点

如果采用单转轮机组，相当于关闭一边的进风口，风量全集中在另外一侧，阻力会迅速增加，由于经过转轮的风速过快，转轮效率也会降低。要同时满足双转轮的风量，单转轮尺寸将会增大，这样将会造成空调机组整体长度及高度变大，更加占用空间。因此，为保证过风面积与双转轮一致，采用双转轮机组，双轮机组能够更有效地保证进风面积，对提高热回收效率起着关键作用。对 AHU 大型空调机组进行全方位的调试，确保设计院提供的空调系统每个分支和风口的设计风量合理，空调机组能够正常高效的运行。

2. 技术内容

（1）系统的组成

整个风平衡控制系统由以下几部分组成：

1）AHU 机组控制柜；2）风机变频器；3）AHU 空调机组；4）阀门；5）风口。

（2）系统调试的原理

1）校核设计院提供的空调系统每个分支和风口的设计风量是否合理。

2）AHU 空调机组的风过滤器已清洗干净。

3）AHU 空调系统管路的手动和电动阀门（包括调节阀、防火阀、蝶阀）处于全部打开 / 关闭状态。

4）确认风机旋转方向正确，风管和机组之间的软连接无破损现象。

5）绘制空调机组的系统图、整理平面图，使绘制的系统图和平面图相对应并在系统图上详细标注每个分支和风口的设计风量。

（3）机组测试

1）风机测试

①风机与叶轮在出厂时，厂家会对风机与叶轮进行动平衡测试，并出具动平衡测试报告。

②风机在运输时采用橡胶垫将底座固定牢固，防止运输时晃动对风机造成损伤，叶轮用保温棉做好保护，防止运输时造成叶轮与轴承偏心，破坏叶轮动平衡。

③现场风机段组装完成后，先检查好叶轮上的动平衡螺母是否有缺失及松动情况，检查合格后，点动风机观察风机与叶轮轴承是否有偏心，观察叶轮转动是否存在晃动。轴承无偏心，叶轮无晃动，风机测试完成。

2）箱体严密性测试

①各段拼装缝隙采用收缩性好的密封剂进行密封，检修门密封条应连续，无断开情况。密封胶完全干透后，检查一下拼装间隙是否有断胶及开裂情况，如有，及时做好修复。

②箱体全部拼装完成后，转动风机，采用火焰检查门缝及拼装间隙，是否存在漏风情况。如有，及时做好修复。

3）转轮测试

①转轮安装完成后，点动转轮，观察轴承是否存在偏心，转轮上下左右是否与框架有别蹭现象。如有，及时做好调整。

②转轮翅片如有损伤情况，及时用翅片梳进行梳平。

（4）机组调试流程

①检查工具是否工作正常、工具调零、重置、校准等，准备好图纸及调试表格。

②检查机组卫生，保证机组卫生干净整洁。风机状态良好，接地装置良好。阀门按照要求开 / 关确认好。检查控制柜，保证送电正常，见图 8.2-6。

图 8.2-6　风机照片

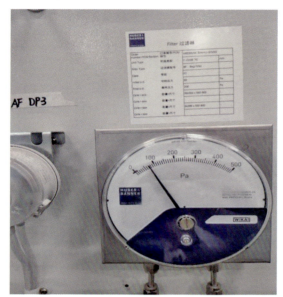

图 8.2-7　压力表照片

③先以低频率开启风机，检查是否有异常，然后缓慢升频至设计频率持续观察机组整体及风机状态。

④机组达到额定频率之后稳定 10min，检查压差表数值，符合调试要求（≤200Pa）。用手检查机组门框及线孔处是否有明显严重漏风，见图 8.2-7。

⑤空调机组运转 2h 后，停止空调机组运转，用测温枪测量风机轴温。

⑥重新启动空调机组，通过测量孔测量风速，进而得出风量，在图纸上做好风口编号。通过沿柱风管测量孔测量该机组连接风口风量，及时调整机组风机频率，保证风口风量满足图纸设计要求，调节好风口风量平衡，标记并锁定好阀门调节阀位置并及时做好记录。

⑦一台空调机组所连接的风口从调试到记录完成大概需要 2～3 遍。调试前一定要注意风速仪的使用，使用前详细阅读风速仪说明书。

特别注意探头感测器红标背对风向，测量时，切换好风速单位，测量孔与风处于垂直方向。

第一遍：机组进行之后，每根风管测量 3 处，静压箱出口处、管路中间处、管道末端处。测量完成后，根据管道末端风口风速来调整风机频率。待末端风口风速低于并接近设计风速时进入第二遍测量。

第二遍：测量每根风管所连接风口的风速，先从静压箱附近风口到管道末端风口，依次调整风速，保证每根风管所连接的风口风速均匀。

第三遍：由于在第二遍测量时，每调节一处定风量阀门，已经调整好的风口都会改变风速，第三遍就是再把每根风管风口再一次进行测量，进行微调，确定好了阀门的刻度值，同时在定风量阀门刻度上做好标记。为以后更换阀门及检修提供方便。

⑧调完风平衡之后，读出机组频率及风机电流。同时，测量机组噪声值、振动值及送/回风压差值，及时详细做好机组参数记录。

⑨调试空调机组热转轮及清洗装置，转轮正反转、清洗装置顺序、手动模式及自动模式联合运转。

⑩调试完成后，将机组调试的各种数据填写到调试记录表中，形成完整的调试报告。将调试数据输入到智能化控制系统中，机组开始正常运行，见表8.2-2。

风管调试记录表   表8.2-2

风管调试记录表						
系统:	设计风量: m³/h	噪声1(1m): dB 噪声2(1m): dB			送风频率1: Hz	回风频率1: Hz
		噪声3(1m): dB 噪声4(1m): dB				
		振动(max)1: mm 振动(max)2: mm				
		振动(max)3: mm 振动(max)4: mm			送风频率2: Hz	回风频率2: Hz
		振动(max)5: mm 振动(max)6: mm				
		振动(max)7: mm 振动(max)8: mm				
位置:	设计送风压力: Pa	轴温: ℃			送风压力: Pa	回风压力: Pa
	设计排风压力: Pa					
序号	测点编号	测点位置(轴位)	设计风量/m³/h	实测风量/m³/h	阀门刻度/m³/h	电流: 送风 A 回风 A	备注
1							
	测量人:	记录人:		时间:		

8.3 智慧运维关键技术

传统预制加工厂的施工管理存在时效性差、覆盖面小及智能化水平低等问题，同时，施工中存在人工操作频繁、生产效率低、交叉作业多、安全性较差和预制梁施工质量难以得到保证等问题。现阶段国内缺少数字智能与绿色低能耗融合技术体系，迫切需要优化全流程管理，实现能效与安全性综合提升。

8.3.1 工业厂区气象站实施关键技术

1. 技术简介

（1）技术背景

华晨宝马厂房气象站，是安装在厂区内旨在收集和记录室外环境天气数据的设备，通常包括用于测量温度、湿度、风速、风向、气压和降雨量等的传感器。

气象条件与我们的生产和生活息息相关，但是很多时候天气预报是对大片区域进行监测，难以定位至精确小块区域大空间工业厂房，对温度、湿度有一定的要求，试验室和工厂要求严操作模式共分为以下三类：

1）手动关模式：是指在BMS系统上可以强制关闭路灯系统。

2）手动开模式：是指在BMS系统可以强制打开路灯系统。

3）照度模式：是根据气象站的亮度值与设定值做比较，当室外亮度值低于设定值时，路灯系统自动打开；当室外亮度值高于设定值时，路灯系统自动关闭。

（3）气象站在车间天窗上的逻辑（图8.3-4）

车间屋顶安装有气动天窗，正常情况下，天窗与气象站连锁开启。

天窗根据实际位置划分为若干个区域，每个区域有若干组，每个区域有一个操作模式。

操作模式共分为以下三类：

1）手动关模式：是指在BMS系统上可以强制关闭天窗。

2）手动开模式：是指在BMS系统上可以强制打开天窗。

3）自动模式：是根据气象站的风速、室外温度、有无降雨等气象条件，自动开启或者关闭天窗。

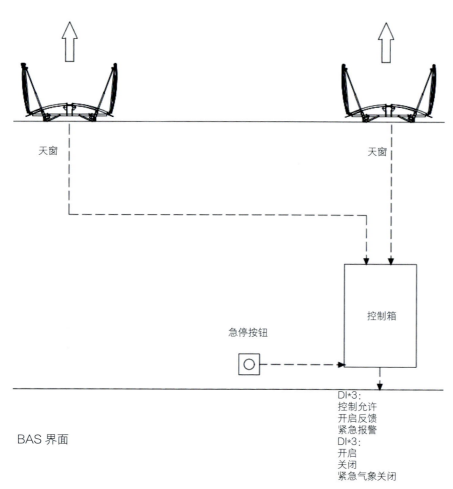

图 8.3-4　天窗的逻辑示意图

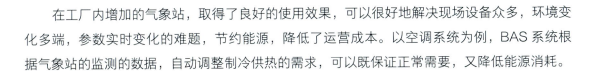

在工厂内增加的气象站，取得了良好的使用效果，可以很好地解决现场设备众多，环境变化多端，参数实时变化的难题，节约能源，降低了运营成本。以空调系统为例，BAS系统根据气象站的监测的数据，自动调整制冷供热的需求，可以既保证正常需要，又降低能源消耗。

8.3.2 智能化管理平台关键技术

1. 技术简介

（1）技术背景

华晨宝马超级汽车工厂，需要一个庞大的管理团队来管理，这无形中给企业增加了管理成本，减少管理人员，又不能保证能及时处理掉问题。工厂内设备众多，拥有各种型号的设备，每天的各种工况在实时变化，一旦不能及时调整参数，设备的故障率也会随之提高。机电设备配置不合理，国内工业企业用电设备多为满负荷设计，额定功率普遍偏大，实际运行效率低，占我国工业用电总量60%~70%的电机，通常的使用效率不到75%。在此状态下，电机消耗的电能中有相当部分是以发热、铁损、铜损、噪声与振动等形式被浪费掉。为了解决上述的问题，一个智能化管理平台应运而生。

（2）技术特点

1）智能化管理平台具有全面的数据采集和分析功能。通过数据采集与物联网技术，该平台可以持续高效地监测和统计各种数据，直观反映环境变化、设备状态等信息，帮助企业实现更加精细化的管理。

2）智能化管理平台具有高效的自动控制和优化功能，通过人工智能技术和自动控制设备，可以调整和优化生产流程、环境参数和人员安全等参数，提升生产效率和质量。

3）智能化管理平台具有实时监控和预警功能，通过实时数据采集和分析，该平台可以快速识别设备异常、危险情况等异常情况，并及时向管理人员发出警报，提供合理的应对方案，减少由此产生的损失。

4）智慧管理平台还具有可视化管理和智能化决策支持功能。

2. 技术内容

（1）系统架构

展现层：UI界面可通过多种客户端进行浏览、展示。

应用层：对厂区需监控的基础设施进行可视化管理、报警事件的实时响应、能源损耗的统计分析，协助管理人员对厂区设施的运行状态实时掌控预防突发事件的发生，降低能源损耗，提升员工的工作效率（图8.3-5）。

服务层：系统提供稳定的通信接口，实时进行数据采集。

设施层：多个设施的控制器、PLC、智能仪表进行数据交互，建立通信链接。

（2）全面的数据采集与分析

系统总运行时间是从每月的1号开始计算，累加至月末的最后一天，故系统的达标率是以月为单位进行计算的（图8.3-6）。

图 8.3-5　管理平台系统图

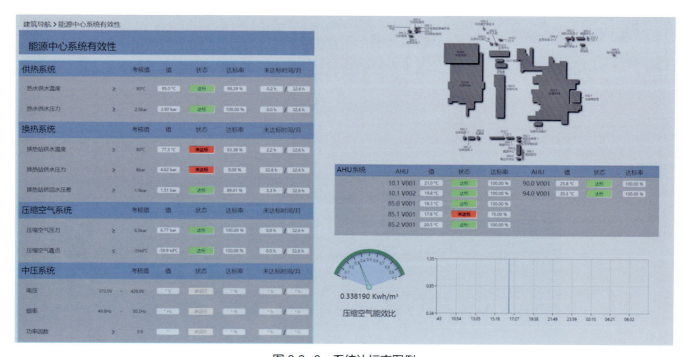

图 8.3-6　系统达标率图例

图 8.3-7　热量统计图例

　　智能化管理平台还可以自动统计热量、自来水、电力和天然气等能耗信息。为管理者提供实时／历史数据，帮助管理者分析能耗高的原因（图 8.3-7）。

　　（3）智能照明系统关键技术

　　1）无变量控制

　　以往传统照明控制，采用 PLC 与 BMS 之间建立照明变量来控制照明。鉴于照明系统控制方式及场景控制，需要在 BMS 上建立大量的变量，由此带来巨大的工作量，而且 BMS 软件根据变量数量收费，不同点数的 BMS 软件平台，价格差距巨大。此次设计采用 BMS 与 SQL 之间通过 OPC 协议进行通信，再有 PLC 监控 SQL 数据库，根据 SQL 数据库的变化，实时更新 PLC，如图 8.3-8 所示。

　　2）跨柜控制

　　正是因为不再需要通过变量来控制照明回路，从而实现了各个照明柜之间可以跨 PLC 柜控制。如图 8.3-9 所示，图中每一个小点代表了现场的每一盏灯具的实际位置，红色的小点是应急柜的应急灯具，灰色小点是普通柜的灯具。管理人员可根据自身需求，决定控制或者不控制部分灯具。

　　3）开放式智能照明系统

　　传统的智能照明自控模式，由开发者根据需求开发画面，一旦需求有新的变化，必须由专业的人员再次开发，既需要时间来开发，又需要企业支付一定的费用，增加了企业的成本。此次设计，把"开发权"完全交给了用户，用户可根据自身需求自由组合虚拟房间。

第 9 章

绿色工厂

助力低碳发展

华晨宝马超级汽车工厂对电力系统、水系统、热传输系统等能源具有更高阶的需求，因此，需要构建数字智能化加绿色低能耗的、适用于大规模机电工程施工调控的技术体系，进而实现从一体化设计、智能流水化预制，到高效装配化施工、低能耗绿色环保调控的全过程机电工程的"数绿融合"。

9.1 绿色节能关键技术

机电安装工程作为宝马汽车工厂的重要组成部分，涉及设备的选型、安装、调试等多个环节，其节能效果直接影响厂房的整体能耗水平。机电系统的能耗在整个厂房能耗中占据着较大的比例，因此采用有效的机电节能措施对于减少建筑能耗、实现节能减排、促进绿色汽车厂房的发展具有重要的意义。

9.1.1 大型管道系统节能调试

1. 技术简介

（1）技术背景

汽车工厂厂房中，车间采暖系统热源为 90℃/40℃热水，车间内管道公称直径 DN20～DN350，采暖管道总长 25000m，由能源中心经过厂区管廊集中接至厂房，车身车间有一个热力入口，位于 MEP 入户间内，设置水力平衡及能量计量装置。

车间内大空间的采暖负荷由通风系统及暖风机共同满足，其中通风系统送风温度为 23℃，靠近外墙及外窗的小房间采暖依据负荷计算，由通风系统和散热器采暖共同满足，更衣室、淋浴及卫生间采用地暖。主要设备有分集水器、水泵、板式换热器、暖风机、热风幕、散热器。

工艺循环水系统采用闭式系统，车间内管道公称直径为 DN25～DN500，总长 10000m，冷却塔至于屋面，循环水泵置于屋顶机械间内，工艺冷却循环水温度 30℃/35℃，车间内管道环状供水。冷冻水与冷却水系统间通过板式换热器连接，紧急情况下保证工艺冷却水供水温度维持 30℃。主要设备有闭式冷却塔、水泵、定压补水装置、板式换热器、软化水装置、加药装置。

（2）技术特点

1）系统支路多，平衡阀数量多，调试难度增大。

2）各并联管路设置静态平衡阀，见图 9.1-1，通过调节自身开度改变阀门阻力，平衡各并联环路的阻力比值，使流量合理分配，达到实际流量与设计流量相同；消除水系统存在的部分区域过流从而导致部分区域欠流的冷热分配不均现象，有效避免了为照顾不利环路而加大流量运行造成的能源浪费，因此可节省冷／热量，同时还可以减少水泵运行费用。

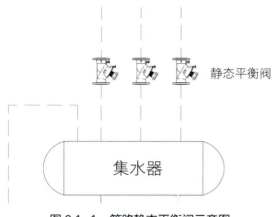

图 9.1-1　管路静态平衡阀示意图

3）末端设备出水口采用新型动态平衡电动二通阀，阀门开启状态下在工作压差范围内可动态地平衡系统的压力变化使流量始终恒定不变，不受系统压力波动的影响；根据末端设备的设计流量在出厂时进行定制的产品，使流量始终维持在末端设备所要求的设计流量（图 9.1-2）。

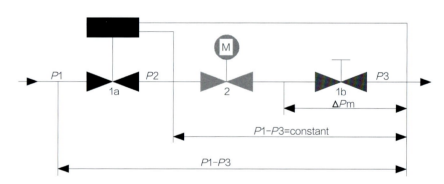

图 9.1-2　管路调节原理图

$P1$ 进口压力，$P3$ 出口压力，$P2$ 调节阀芯前压力。$P2-P3$ 为一恒定值。动态平衡结构 1a 可设定 $P2-P3$。通过流量设定手轮 1b 最大流量。当 $P1-P3$ 发生变化时，如系统末端的开关或调节，$P2-P3$ 始终维持不变，因此阀门具有 100% 的阀权度（$a=1$），无论满负荷或小负荷都可实现稳定控制。阀门任意开度下阀权度均为 100%（$a=1$）。

4）新型动态平衡电动二通阀缓开缓闭动作特性，水系统无噪声、水锤现象，室温变化平缓，舒适度高，满足环境舒适度；有效避免为了照顾不利环路而加大流量运行的能源浪费现象，因此可节省冷／热量，同时还可以减少水泵运行费用，避免不必要的能源损失，降低能耗。

5）本次工艺循环水系统调试主要针对的是闭式环网系统及自力式压差平衡阀的预调试，一般施工工况下，工艺设备安装完成时间不会早于工艺循环水系统完成时间。掌握此工艺循环水调试技术，可做到在用水设备安装之前完成本系统的调试工作，调试之后各用水末端的使用

和停用不会影响其他末端，能够做到真正意义上的动态水平衡，极大地方便了设备的使用及运维。

2. 技术内容

（1）水平衡预调试技术

1）依据资料，包括：图纸、各设备参数、设计参数、平衡阀所安装位置等，针对项目系统情况，协调平衡阀厂家、设计院对平衡阀的选型进行验算。

2）保证平衡阀最佳工作范围，最大开度的50%～100%；保证阀门压力降小于5kPa。

输入所需安装平衡阀管路的流量，包括负荷＋供回水温度，选型软件将自动计算，见图9.1-3，推荐合理规格口径阀门，并给出理论计算开度及该开度所对应的阀值。

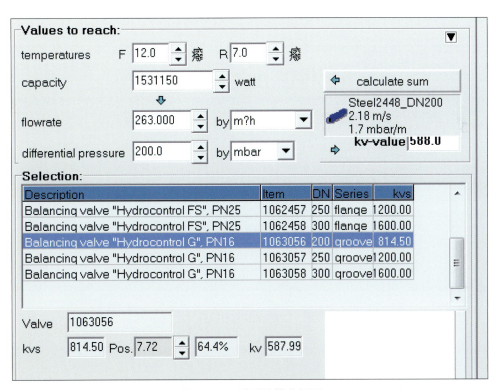

图9.1-3　选型计算分析图

如已知负荷为：1531150W，供回水温度为：12℃/7℃

选型软件经计算得出：推荐阀门型号"Hydrocontrol G"，规格口径：DN200，开度64.4%，压降200mbar=20 kPa。

3）设计工况下所有末端设备都能够达到设计流量，系统中任何一组末端设备进行调节时，不影响其他末端设备正常运行，控制阀两端压差不能有太大的变化，阀权度大于0.3，以保证控制精度，见图9.1-4。

4）依据图纸、各设备参数、设计参数、平衡阀设计流量等资料，计算出每个平衡阀的预设定圈数，正式调试时期按预调试的状态直接操作，满足系统需求，节省调试时间。

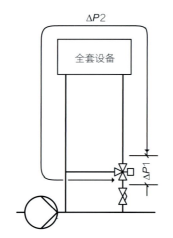

图 9.1-4 末端设备控制原理图

（2）采暖热水平衡调试技术

1）采暖系统调试流程（图 9.1-5）

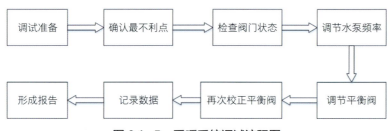

图 9.1-5 采暖系统调试流程图

2）调试前准备

①涉及的设备绝缘电阻、电机相序测试完毕并符合要求；

②检查各设备控制面板，并送电试转完毕；

③办理好调试所需各种作业票及手续；

④所需调试系统管道压力试验完毕并合格；

⑤所有需调试系统管道冲洗、吹扫完毕并合格；

⑥所有系统内需送电设备都已送电，并处于待机状态。

3）调试步骤

①确认系统最不利点（设计院给出 + 经验判断）；

②所有手动阀门、平衡阀开度开启到最大并确认所有阀门的开启状态，旁通管路阀门关闭；

③调整泵的频率与流量，直至最不利点的流量达到设计流量为止，此时即达到水力平衡时的系统流量；

④按比例调节各自力式压差平衡阀至设计流量 ±10%；

⑤按比例调节各自力式压差平衡阀支路下的静态平衡阀，使各末端设备流量尽可能接近设

计流量；

⑥校正流量有偏差的平衡阀，切换至其他工况，测量各平衡阀是否满足该工况下的设计流量，对有偏差的平衡阀进行校正；

⑦记录调试数据（水泵工作状态、平衡阀开度及流量）。

需要注意的是，通过调节水泵的频率来调节系统水流量，测出最不利点的流量满足设计流量，进而依次调节其他平衡阀达到设计流量，在满足设计流量的情况下，找到水泵的最小工作状态，达到节能效果。

（3）工艺循环水平衡调试技术

1）工艺循环水水平衡调试前准备

对于本系统而言，需要调节冷却塔一次侧水平衡和工艺用水侧的二次侧水平衡。调试前，要确认设计方的设计流量及各个阀门的开关状态。水平衡调试就是为了通过调节水泵的频率、平衡阀的开度，来保证整个系统达到稳定的设计流量，来满足系统的流量、压力、温度等各个参数要求，使系统能够顺利运行。

系统调试前准备为：

①涉及的设备绝缘电阻、电机相序测试完毕并符合要求。

②检查各设备控制面板，并送电、试转完毕。

③一次侧工艺循环水设备及管道注满乙二醇并测试冰点为 -35℃。

④办理好调试所需各种作业票及手续。

⑤所需调试系统管道压力试验完毕并合格。

⑥所有需调试系统管道冲洗、吹扫完毕并合格。

⑦所有系统内需送电设备都已送电，并处于待机状态。

2）工艺循环水一次侧水平衡调试内容

工艺循环水一次侧调试的重点在于控制每台冷却塔前端的静态平衡阀开度，用以达到每台冷却塔的水流量平衡。并且还要调节每台板换一次侧前端的静态平衡阀，来保证经过板式换热器的水流量平衡。

首先找到整个系统的最不利点位置，来调节水泵频率，满足最不利点流量后，再调节各个静态平衡阀。

3）工艺循环水水平衡调试步骤

①将工艺循环水一次侧管网中所有手动阀门全部开启，并且开启到最大。

②将冷却塔供回水上阀门全部开启。

③将板式换热器，一次侧进出口的阀门开度开到最大。

④使卧式离心泵按最高频率 50Hz 开启运行。

⑤测量各个平衡阀处流量，找到相差最大的两个平衡阀。用超声流量计先测量并找到管路的最不利点，记录好最不利点处的流量数据，检查是否符合设计流量。

⑥如流量未达到要求，就开启并联的其他卧式离心泵，提升频率至最不利点处达到设计流

量，记录好数值。如超过设计流量则减小水泵频率。

⑦手动调节剩余静态平衡阀，使其流量达到设计数值并记录。

⑧重新测量最不利点处流量，复验是否达到设计流量。如有差别则重复以上步骤，直至所有平衡阀处流量都达到设计流量并记录。

⑨测量各分支供回水管道的压力差值并记录。

⑩本次调试频率数值即为水泵在整个工艺循环水一次侧运行时的数值。

调试完毕请管理公司、监理、业主检查验收。

4）工艺循环水二次侧水平衡调试内容

本系统二次侧调试的重点在各个工艺用水点前的自力式压差阀的调试工作。闭式环网循环系统的供水经过工艺设备后变成回水，然后回到制冷站房的板式换热器与工艺循环水一次侧进行换热。

首先要调节板换二次侧前端的静态平衡阀，使系统二次侧供回水流量相同，达到平衡。方法可参照一次侧平衡调试。之后调试的重点就要放在各个末端工艺用水点处的流量、压差及温度上。

本系统选用的自力式压差阀的原理为供水管道取压点的压力等于回水压力加自力式压差阀弹簧压力。

一般闭式循环系统设计的需求为稳定末端设备供回水压差，故需要调节自力式压差阀的弹簧压力，来使每个工艺末端的压力差值达到设计要求。难点在于，工艺设备未连接，即使采用细管来临时连通循环水的末端管道，也会因压损极小导致 $F_{弹簧} < F_{回水} = F_{供水}$。

供回水压力表显示相同，没有压差，导致自力式压差阀中的阀板不会动作。无论怎么调节弹簧也不会改变压差。因此需要模拟压损，将回水侧支管的阀门关上，将供回水连通管之间设置一个 DN20 的小闸阀，并且关小开度，在回水末端进行泄水，来减小回水侧的压力，使得自力式压差阀动作。通过调节弹簧长度，来使供回水压差稳定在设计压力。

5）工艺循环水二次侧水平衡调试步骤

①将工艺循环水二次侧管网中所有手动阀门全部开启，并且开启到最大。

②将板式换热器二次侧阀门开度都开到最大值。

③记录工艺循环水二次侧主管道流量。

④将车间内所有循环水末端用水处手动阀门全部开启。

⑤将车间内工艺循环水末端用连通管连通起来，模拟实际工况下的压损值。调节末端自力式压差阀，达到压差设计值。

⑥当末端沿柱均达到设计压差值后，使用超声波流量计测量最不利点处流量数值达到设计要求，如未达到要求，提高水泵频率，达到要求后记录此时水泵频率数值。

⑦复测其他各处位置重复以上步骤，直至所有自力式压差平衡阀处末端都达到设计流量。

⑧观测各末端供回水管道的压力差值并记录。

⑨本次调试数值即为二次侧卧式循环泵在整个工艺循环水二次侧运行时的数值。

9.1.2　余热回收综合利用技术

1. 技术简介

（1）技术背景

华晨宝马汽车工厂项目共有 8 台水冷空压机，实行常年 24h 自动切换且不间断运行模式，按照生产用气量控制启停数量，其中喷油空压机 3 台，无油干式空压机 5 台。喷油空压机在工作时机油温度通常在 80 ~ 95℃，无油干式空压机高温压缩空气温度通常在 160 ~ 190℃，会产生大量的余热，余热被冷却水带走至冷却塔，散发到空气中，导致运营成本增高和环境污染。空压机余热回收装置是一套高效的余热利用设备，靠吸收空压机废热把冷水加热，电能消耗极少。回收的余热主要用于解决员工的生活、工业生产用水预热、供暖等问题，为企业节省能源的消耗，降低企业用热成本。

空气压缩机长期连续的运行过程中，把电能转换机械能，机械能转换为风能。在机械能转换为风能过程中，空气由于强烈的高压压缩，温度剧升，这是普通物理学机械能量转换现象。机械螺杆的高速旋转，同时也摩擦发热，这些产生的高热由空压机润滑油的加入混合成油 / 蒸汽排出机体。螺杆空压机热能转换机组就是利用热能转换原理，把空压机散发的热量回收转换到水里，水吸收了热量后水温就会升高，空压机组的运行温度就会降低。

（2）技术特点

空压机热能转换机充分利用了空压机工作时的余热，空压机水冷部分不仅可以冷却风机，使其油温降低在 75 ~ 85℃合适的条件下，从而自动停用；同时可冷却空压机产生出来的气体，减少了干燥机的工作负荷，从而达到空压机、干燥机省电、节能、环保、减排、降低磨损、延长寿命、安全可靠的目的。

传统的空压机余热回收系统装置多数只用于单种用途的加热，在空压机产生大量余热的场合，余热回收率仅有 50% 左右，利用效率不高。原有余热回收循环系统装置需要现场装配，安装时间长、难度高，安装质量不好管控、调试周期长等。余热回收量无能量采集监控功能，不能采集总余热回收量及各系统用热量。

本技术可以将回收的空压机热量同时用于生活热水、生产用水、供暖等加热，整体提高空压机余热回收利用率，根据各系统用热量不同及用热时间不同，利用率可提升 10% ~ 50%。

新型循环系统装置部件集成化程度更高，只预留相关接口，现场安装方便快捷，质量及品质有保障。本新型余热回收循环系统装置配备智能化余热控制系统可实现智能化调节，在同时用于多种系统加热时，可实现按需分配各用热点、用热量，并时刻保证各用热点使用温度不超限，从而实现无人值守。新型循环装置可将各能源数据进行采集，能源回收效率可视化，实时监测系统各用热点使用热量及设备用电量，实时呈现回收效率。

2. 技术内容

（1）工艺流程

空压机余热回收技术工艺流程，如图 9.1-6 所示。

$t_1 \leqslant 45℃$ 时，全开 M1、关闭 M2。电动调节阀 M1、M2 控温（t_2）逻辑：当 t_2 高于设定值 25℃时，先开大 M1，直到 M1 全开仍高于 25℃，再关小 M2；当 t_2 低于设定值 25℃时，先开大 M2，直到 M2 全开仍低于 25℃，再关小 M1。

9.2 智慧供电关键技术

国内工厂工程项目的中压供电系统多采用两路供电方式，部分中压故障导致大量生产线设备断电，造成重大经济损失，且单一功能断路器无法满足工业自动化智能化设备的要求。工厂多台 UPS 电源供电系统日常管理和维护，耗时长、人工成本高，故障处理滞后性严重，因此，针对超级工厂的安全供电和监控管理，需利用综合智能化监控管理等现代化技术手段提高管理效率和准确性。

9.2.1 照明系统智能化控制

1. 技术简介

（1）技术背景

在华晨宝马汽车工厂中，照明系统分区繁杂，灯具数量庞大，对控制系统的要求也相对严格，同时也存在较大的优化节能潜力，在工厂中大致功能分区有办公区、生产区、机房区和休息区，为方便运维管理及达到节能和不同区域照明需求，采用 DALI 这个开放协议的控制方式，方便接入多种品牌的不同种类的灯具从而达到最佳照明效果。

（2）技术特点

1）系统的组成

整个照明控制系统主要由照明灯具、DALI（Digital Addressable Lighting Interface）驱动器、控制按钮、照明控制柜、照度传感器、运动传感器和控制线缆组成，见图 9.2-1。

2）通过末端设备编码及联网实现可视化控制，见图 9.2-2、图 9.2-3。

2. 技术内容

（1）工艺流程如图 9.2-4 所示。

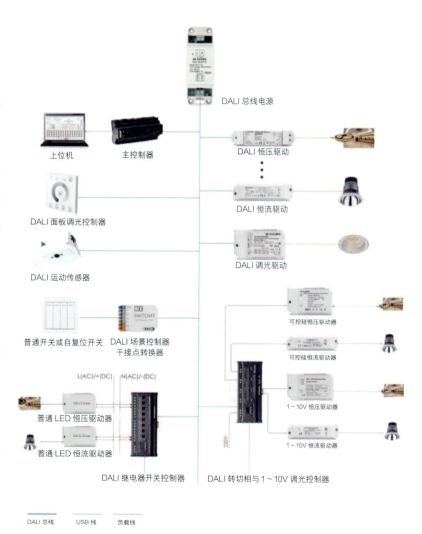

图 9.2-1　DALI 接线示意图

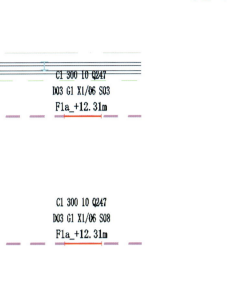

图9.2-2　局部放大照明灯具 SLC 编码图

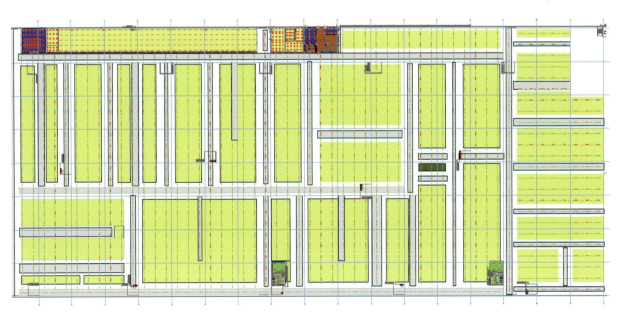

图9.2-3　照明灯具的可视化控制示意图

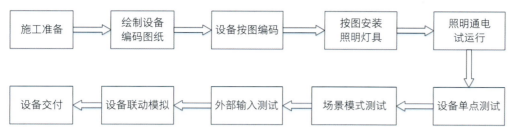

图 9.2-4　照明灯具的可视化控制示意图

（2）关键技术介绍

1）施工前准备

①施工工机具准备齐全；

②现场勘查灯具标高，确认灯具与其他设备无干涉；

③办理好调试所需各种作业票及手续；

④检查灯具连接附件和灯具种类并正确区分；

⑤现场与工人再次进行技术交底确保灯具正确安装。

2）安装调试步骤

①确认编码图纸分区及回路编码正确，无重复和错漏；

②在灯具安装之前进行点亮测试并按编码图输入地址；

③粘贴对应的 SLC 设备标签；

④按灯具安装手册组装安装灯具；

⑤通电试运行，上位机搜索添加灯具；

⑥灯具单点测试确保灯具和地址位置一一对应；

⑦传感器测试输入设备测试，确保输入正确；

⑧联动测试，按场景进行模拟确保场景被正确调用；

⑨现场培训移交确保运维人员可顺利接管和调整分区和模式。

3）实施效果

人机交互场景范例如下，见图 9.2-5～图 9.2-8：

①休息区人员流动较大且停留时间不稳定，设定为延时开关，每次按动开关延时 20min 关灯，期间有人按动则重置倒计时，无人按动开关 20min 后关灯。

②办公区域分时段调节，上班时间可根据光照需求自行判断是否开灯，按动一次开灯再按一次关灯，下班时间自动熄灭大部分灯具仅保留清洁照明，超过清扫时间灯具全部熄灭。

③公共走廊和卫生间均采取人体感应开关作为触发条件，检测到有人经过时开灯。控制系统均采用延时熄灭的控制逻辑，只是延时时长不同，卫生间部分延时稍长，有人再次经过，重置计时器。

④屋面指引灯具采用气候联动方案，通过采集屋面气象站的光照和风力、能见度等因素采取不同方案。光照不足时自动开灯，能见度不足或风力过大有风险时灯具闪烁调高亮度，避免

图 9.2-5 办公区现场照片

图 9.2-6 空调冷冻水机房现场照片

图 9.2-7 生产区有生产任务区段现场实拍图

图 9.2-8 生产区无生产任务区段现场实拍图

发生坠落危险。

⑤工厂照明采用DALI智能硬件(在线式灯具能监视灯具状态便于运维管理)摆脱传统开关、灯具对物理线路的限制，可以后期随意布置；后期生产运营时可与生产线联动，仅开启有生产任务区域灯具，减少不必要的浪费。

⑥配合采光天窗使用，通过室内光线传感器联动，可随室内亮度调节灯具亮度，最大限度利用自然采光达到节能环保的目的，实现智能化兼顾个性化的控制方案。

⑦区别于传统控制开关仅通过开断电源控制灯具，DALI灯具可通过PLC设置逻辑关系实现控制功能，根据用户使用环境和场景进行深度定制。

智能照明通过与各种传感器输入信号进行联动可实现照明智能化和绿色节能，无感切换场景提高用户使用体验。通过上位机画面及SLC编码方案运维人员可以迅速准确定位故障灯具位置，提高运维效率。

9.2.2 智能化稳定供电技术应用

1. 技术简介

（1）技术背景

华晨宝马系列工厂存在一些非常重要的生产负荷，不允许电源闪断，如动力总成工厂的发动机铸造设备、汽车工厂的涂装设备等，否则会造成重大经济损失。为解决电源稳定性问题，华晨宝马工厂设计采用了四路中压供电、全部并联运行的供电方式，在开闭站设置四段母线（即四列中压开关柜），每段母线分别由不同的中压回路提供电源，四段母线又通过联络母线连成一个大环网，正常运行时，所有母联均投入，四段中压母线并列运行，当一段母线的供电回路故障时，切除故障供电回路，此段母线所有负荷由其余三路电源共同分担，而且没有断电切换时间，保证了用电负荷的可靠运行。四路中压电源并列运行原理见图 9.2-9。

智能断路器作为电力系统配电网络的重要保护器件之一，是保护电力系统配电网络和用电设备免受剩余电流、短路、欠/过压、过流和过载等故障危害的重要开关电器设备，在电气设备中起着非常重要的保护作用。随着工业自动化水平的逐渐提高，对智能断路器的功能也不断提出新的要求，因此集成多种保护功能的智能断路器不断被研发和推广应用。智能断路器实物见图 9.2-10。

（2）技术形成

通过采取四路供电、全部并联运行的供电方式可实现供电的稳定性、可靠性和安全性：当

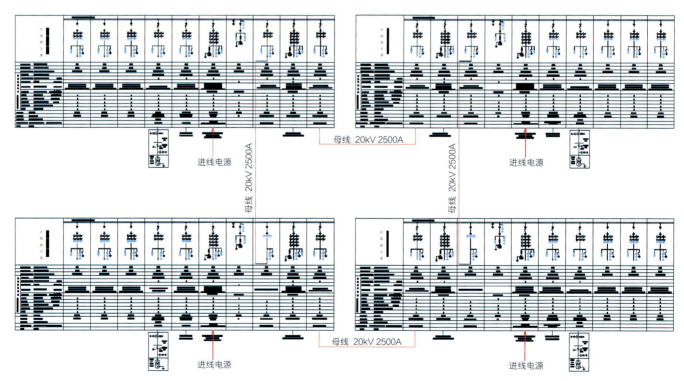

图 9.2-9　四路中压电源并列运行原理图

（a）

（b）

图 9.2-10　智能断路器实物图

一路中压发生故障时，并列运行的其他中压电源可继续维持重要用户不间断的供电，从而可以提高供电的可靠性；四路中压并列运行时，可根据负载情况有计划地安排中压设备维修、试验等项目，而不至于中断供电，以提高供配电网的经济管理水平和效益。结合智能断路器在供电系统中的应用，对四路供电系统形成更加可靠、智能化的管理，为工厂的可靠运行提供了电力保障。

（3）技术特点

1）四路电源所带四段母线并列运行的供电方式，故障点瞬时、精准切除要求高，能最小范围减少故障影响。

2）通过智能断路器实现了对电流、电压、频率、温度等现场参数的采集、处理及显示，实现三段电流保护、单相接地保护、过电压保护、欠电压保护、漏电保护等多种保护功能。

3）智能断路器还具备故障自诊断、故障参数记录与查询预警等其他辅助功能，便于进行故障分析和处理，实现了配电自动化。

2. 技术内容

首先确定好必要的控制逻辑关系，然后将确认的逻辑关系提供给生产厂家，进行二次控制原理图的深化，合理利用远距离光纤控差动保护、中压综合保护、电气联锁、机械联锁等保护元件及功能；厂家深化完成的二次原理图核实无误后，再进行设备生产。其供电设备、控制逻辑关系、调试等，比传统供电方式严格、控制精确。

通过智能脱扣器的通信接口，与上位机进行通信，获得智能断路器运行过程中的最小/最大电流值、最小/最大电压值、功率因数值、峰值、故障类型等参数，能够实现供配电自动化控制。

本技术以动力总成工厂供配电系统为例进行介绍。

（1）四路中压供电并列运行的控制逻辑

1）进线柜闭锁

①进线柜之间没有互锁，各母联断路器之间也无闭锁。

②正常操作时，本侧进线与上级出线之间不设置联跳功能。

③本侧进线与上级出线断路器间设置故障联跳功能。

④本侧进线柜手车与上级出线柜接地开关存在互锁。上级出线柜接地开关闭合，本侧进线柜断路器手车不可推至工作位置；上级出线柜接地开关打开，本侧进线柜手车可推至工作位置；本侧进线柜手车在工作位置，上级出线柜接地开关不能闭合。

⑤本侧进线柜接地开关与上级出线柜手车存在互锁。本侧进线柜接地开关闭合，上级出线柜断路器手车不能推至工作位置；本侧进线柜接地开关打开，上级出线柜手车可以推至工作位置；上级出线柜手车在工作位置，本侧进线柜接地开关不能闭合。

⑥本段 PT 柜操作电源不闭合，本段所有断路器不能摇进摇出。

2）20kV 母线接地闭锁

母线上所有手车在试验位置，且手车推进手柄未插入，母线接地手车可以推入，母线接地时，所有母线上手车无法操作。

3）母联柜断路器手车与母线提升柜隔离手车、两段母线 PT 柜操作电源之间的闭锁

①母联柜断路器手车与两段母线 PT 柜操作电源之间存在正闭锁。两段母线 PT 柜均闭合操作电源，母联断路器手车可以推至工作位置 / 合闸；两段母线 PT 柜其中之一不闭合操作电源，母联断路器手车不可以推至工作位置 / 合闸。

②母联柜手车与母线提升柜隔离手车之间存在反闭锁。

③接地开关与对侧的手车之间存在互锁。

4）母线差动闭锁

Ⅰ段母线差动保护装置动作，分断本段母线上所有断路器，并闭锁其合闸回路；Ⅱ段母线差动保护装置动作，分断本段母线上所有断路器及Ⅰ段母联柜断路器，并闭锁其合闸回路。

5）电源电缆差动保护

当一路中压电源的供电电缆发生接地故障时，安装在上级出线断路器处的差动保护装置将采集的本段母线进线断路器处的电流值与上级出线断路器处的电流值进线比较，流入、流出电流的差值大于差动保护装置内的设定值时，启动瞬时跳闸保护，将本段母线的进线断路器和上级出线断路器同时跳闸，保护供电电缆损坏不再扩大；同时，不影响本开闭站内各段母线向下级供电。差动保护的灵敏度远高于短路 / 接地保护，能最大限度地减少线路的损坏，便于采用较小的成本及代价进行维修。

（2）车间 20kV/0.4kV 变电站联锁控制

1）20kV 侧断路器与环网柜连锁关系：环网柜接地开关在合闸位置，20kV 侧断路器手车不能推至工作位置；环网柜接地开关合分闸信号 / 负荷开关合分闸信号上传至中压柜。

2）20kV 与 0.4kV 之间断路器采用联跳与互锁。

3）20kV 断路器与变压器前后内网门之间的互锁。内网门打开状态，断路器不能闭合；断路器闭合状态打开内网门，断路器跳闸。

4）0.4kV 进线断路器与 20kV 侧环网柜负荷开关之间的互锁。负荷开关闭合，0.4kV 进

线断路器可以闭合；负荷开关不闭合，0.4kV 进线断路器不可以闭合。负荷开关打开，0.4kV
进线断路器分闸。

5）变压器高温报警 / 超高温跳闸 / 故障报警信号与 20kV 出线柜存在连锁关系。

图 9.2-11 ～ 图 9.2-14 分别为供电系统设备安装现场及交付效果。

（3）机械闭锁

即指中压柜的"五防"设置：

1）接地开关闭合，断路器不能推至合闸位置；断路器在合闸位置，其接地开关不能闭合。

2）断路器在工作位置合闸状态，分断之前不能摇出，柜门不能打开。

3）中压柜接地开关闭合，后门板可以打开；中压柜接地开关不闭合，后门板不可以打开。

4）环网柜负荷开关开闭与其接地开关的闭开形成互锁关系。

图 9.2-11　变压器安装现场照片

图 9.2-12　现场电缆布置现场照片

图 9.2-13　变电所安装现场照片

图 9.2-14　配电柜安装现场照片

（4）故障应对

供电系统采取了四路中压供电、全部并联运行的供电方式，在开闭站设置四段母线，每段母线分别由不同的中压回路提供电源，四段母线又通过联络母线连成一个大环网，正常运行时，所有母联均投入，四段中压母线并列运行，当一段母线的供电回路故障时，切除故障供电回路，此段母线所有负荷由其余三路电源共同分担，而且无需断电切换时间，保证了用电负荷的可靠运行。

为了进一步保障重要负荷的供电安全，还设置了中压柴油发电机作为备用电源，将备用电源直接引致中压负荷集中的变压器，通过设置联锁功能，确保了即使在市电瞬间全停的情况下，重要负荷也能应急供电，从根本上保障了重要负荷的用电安全，见图9.2-15、图9.2-16。

图 9.2-15　变电所并列运行安装现场实拍图

图 9.2-16　四路中压电源并列运行安装现场实拍图

（5）实施效果

1）四路中压供电、全部并联运行

①供电可靠。

通过四路母线隔离开关的倒换操作，可以轮流检修一路母线而不致使供电中断；一路母线故障后，能迅速恢复供电；检修任意回路的母线隔离开关，只停该回路。

②调度灵活。

各个电源和各回路负荷可以任意分配到某一路母线上，能灵活地适应系统中各种运行方式和潮流变化的需要。

③扩建方便。

向母线的左右任何一个方向扩建，均不影响母线的电源和负荷均匀分配，不会引起原有回路的停电。当有双回架空线路时，可以顺序布置，以致连接不同母线段时，不会如单母线分段那样导致出线交叉跨越。

④便于试验。

当个别回路需要单独进行试验时，可将该回路分开，单独接至一组母线上进行试验。

2）智能断路器

①线路保护。

保护电源电网系统，当电网系统的负荷在一个设定的时间内持续超载时便发出拉闸脱扣命令，断路器的机械执行机构立即拉闸切断电源从而保护电源电网系统。断路器的"智能"性，体现在负荷的阈值不是固定不变，而是可以设定的，允许负荷持续超载的时间也是可以设定的。

②数据远传及远程控制。

用电故障时实现对设备的智能化管理、远程控制、安全防范、减少能源浪费。以保障电气的安全使用为目标，以智慧能源管理系统平台建设为手段，以全方位监测末端用电设备能耗数据为依托，保障末端用电线路的安全，摸清末端用电设备能耗使用现状，全面提升节能型的建设，减少安全隐患。通过采用智能断路器可以提升设备的使用效率、管理效率以及用电安全等，并且能够切实提升用电的管理水平。

实施应用了20kV中压供配电并列热备供电系统，通过四路供电、并列运行，实现全时热备、故障点自动切除，保障了供电系统稳定运行，有效提升了供电系统的经济性、可靠性及安全性。

9.2.3　电气设备安全管理智能化技术

1. 技术简介

（1）技术背景

工业企业生产需要大量的电气设备，它是带来电气危险的根源，且人们与之接触的机会很多。电气设备的固有安全性能直接影响了工业企业的电气安全状况。因此，电气安全对保障正常的生产具有重要的现实意义。电气设备安全管理智能化技术既要包括电气设备安全监控，也要包括电气设备节能。

电气设备安全管理智能化技术主要体现在以下两个方面：

1）实时监测与数据采集：通过安装在现场的物联网智能终端设备，实时监测设备的运行状态、环境状态等多项指标。这些智能终端设备能够及时捕捉到异常情况，便于人员及时处理。这样既能保证设备的稳定运行，也能避免因设备故障导致的能源浪费。

2）预警与控制：当监测到的数据超过设定值时，智能终端设备会触发继电器输出，发出报警或者发出控制命令，例如切断设备电源、启用备用设备等控制命令。确保设备运行在最佳状态，减少能源损耗。

电气设备安全管理成本高。工厂面积大，而且设备众多，维保、维修人员众多、现场响应时间久，能源浪费严重。

（2）技术特点

电气环境对电气系统的安全有着举足轻重的作用。漏水探测器、烟雾探测器和多功能测量继电器等智能终端设备的广泛应用，提高了电气设备的安全环境。电器设备的节能从设备的运行状态考虑，例如设备的轮换机制，既能保证定期对设备进行维护和检修，又能延长设备使用寿命。

2. 技术内容

（1）电气安全监控

1）漏水探测器的监控技术（图9.2-17）

夏季机房有一个比失火更常见的危害：漏水。虽然漏水不会像火灾那么惨烈，但对数据安全和基础设施造成的持久损害同样不可小觑。一个机房的任意一次泄漏，如不及时发现和排除，不但会造成电线短路还会造成机房设备损坏、系统重要数据丢失、业务中断等，所带来的后果不可估量。为避免此种情况发生，工作人员应及早发现泄漏情况并准确判断泄漏的位置，及时做出反应。

漏水探测器安装在容易发生泄漏水的区域，或者机房、数据中心等重要场所，对被监控环境设备的安全运行起到有效的监控作用。漏水探测器利用液体导电原理，监测是否发生泄漏事故。

2）漏水探测器功能特点

①漏水探测器设计结构合理、可靠性高，操作简单方便。

②漏水探测器的外表没有暴露的金属结构，特种聚合物结构的应用使得线缆具有很高的耐腐蚀。

③漏水探测器检测快速、实时响应，使泄漏降低到最小的程度，具有精准的定位，误差不

图9.2-17　漏水探测器分布图例示意图

大于千分之一，其还具有很广的监测范围，单个控制器检测距离可达 1500m。

④如果漏水探测器发生泄漏，控制器的继电器输出可以对阀门进行关闭控制，切断液体来源，有效地防止事故的发生。

（2）电气设备节能

能源中心为现场负载提供能源，因此现场能源的需求成为能源中心供给能源的目标。当能源需求量与能源中心的能源供给在允许的误差范围之内，并不导致现场负载能源紧缺，便可实现节能高效的设计理念。如要降低工业能源的消耗，这就不得不提到换热问题。工业过程能量传递 75% 以上依靠对流传热。

1）井水的自然冷却模式

在夏季，由于浅层地下水的温度常年处于 15℃左右，将其由提升水泵从井中提取出来以后通过与位于能源中心 1 的 3 台板式换热器进行热交换。如果需求超过井水的容量，则顺序控制中将启动机械制冷模式（图 9.2-18）。

如果自然冷却系统和 / 或井水系统出现故障，或者需求进一步超过乙二醇冷却塔和井水的容量，则顺序控制中将启动机械制冷模式。

从技术角度来看，井水的制冷效果是非常出色的。

这是因为井水采用了一种独特的制冷方式——利用地下水制冷。将地下水通过地下管道引入室内，通过水的自然冷却作用来实现制冷。相较于传统制冷模式，井水的制冷效果更加稳定、

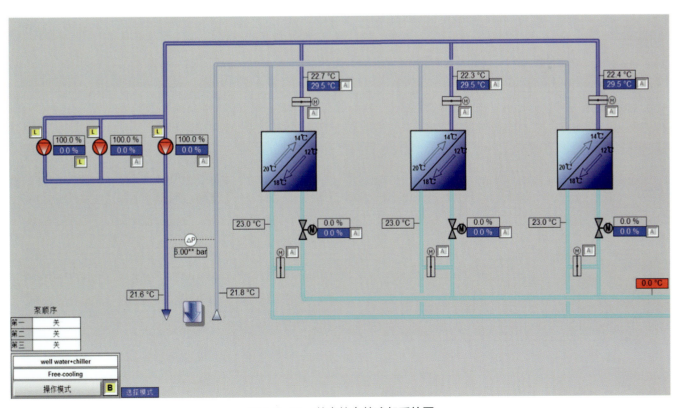

图 9.2-18　井水的自然冷却系统图

更加节能、更加环保。因此，无论是在炎热的夏季还是在潮湿的雨季，井水制冷都能够为人们带来极佳的制冷效果。

2）冷却塔的自然冷却模式

冷却塔喷淋水是将水盘内的水通过喷淋水泵提升到喷淋主管中，再通过 ZM 喷嘴喷出，喷射到盘管翅片上，将盘管翅片冷却，带走热量，实现冷却，能源中心设有干湿两用型乙二醇冷却塔。所有冷却塔全年运行。

尤其是在凉爽的深秋或者初春时节，夜间温度较低，冷却塔系统充分利用此阶段，实现自然冷却模式。两用型乙二醇冷却塔在室外气温低于 15℃时，自动运行干式制冷模式，停止喷淋泵与风机，充分利用自然能源（图 9.2-19）。

冷塔的自然冷却模式，充分利用大自然的温度，为现场提供稳定地、持续不断地冷量，降低了能源消耗，实现了节能减排的绿色目标。

3）设备的轮换机制

此次设计中加入了一个设备轮换的思路，每周的一个固定时刻，在生产压力并不是很大的时候，会根据上一周该设备的运行时间进行一个由小到大的排序，即运行时间越短，排序越靠前。之后，每台设备都会通过逻辑计算出一个工艺需求设备运行个数，并且可以使每周排序最短的设备优先运行。若是运行时间最短的设备发生故障或者需要检修等不适合运行时，系统会自动或者手动地退出轮换机制。

设备的轮换机制采用冒泡法进行排序，热水系统有三台供水泵，编号分别为:1 号泵,2 号泵,3 号泵,那么在某一时刻进行供水泵运行时间的比较并且重新排序，得到下周供水泵的运行顺

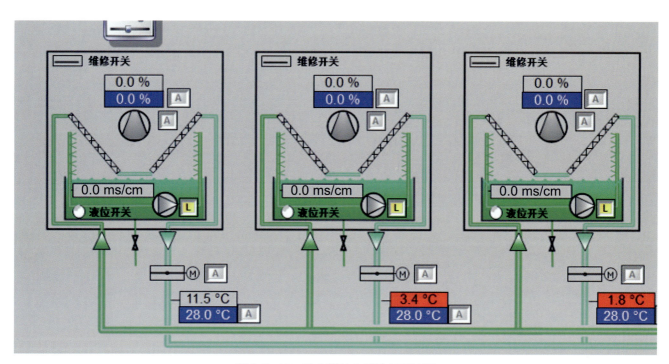

图 9.2-19　冷却塔的自然冷却系统图

序，2号泵，3号泵，1号泵。若是2号水泵需要检修，维修人员可在系统中手动的将2号水泵退出轮换机制；若是2号水泵发生故障，系统会自动的将2号水泵退出轮换机制。

此时现场需要启动供水泵，3号水泵将自动启动，这样的设计思路可以使每组水泵组、风机组、热板换组的每台设备在常年不间断工作的前提下运行时间平均。确保设备运行在最佳状态，减少能源损耗。

工厂的智能化技术通过"集中管理，分散控制"的形式，对建筑物的结构、系统、服务、管理以及它们之间的内在关联进行最优化的考虑，来提供一个投资合理、管理高效、舒适、节能的办公、居住环境。它的任务就是创造一个安全、舒适与便利的工作环境，同时尽量减少能源消耗，它可以监控工厂内各种机电设备的运行情况和故障状况，并控制这些机电设备。它不仅可以根据需要随时打印各种报表，给管理人员带来很多的方便，同时，它对机电设备的实时监控，更便于人员对设备的维护、维修和管理。在节能的同时，又节省了人力、物力，大大降低了管理成本。

第五篇

匠心建造　铸就鲁班品质工厂

　　面对全球范围内汽车制造业顶端品牌，我们的初衷不仅仅是完成合同约定内的既定条款、中规中矩履约交付，而是聚焦在每个项目中必须做到精益求精，每道工序必须做到匠心雕琢，才不枉费业主对中建安装的信任和托付。在精益打磨的过程中，与华晨宝马项目的承建方精诚合作，携手建立了汽车工厂建设领域的鲁班标准，树立了未来汽车工厂建设行业的典范。

　　我们见证了从无到有、从有到精的技术飞越，更见证了中建安装项目团队的成长与蜕变。每一位宝马汽车工厂项目团队成员始终坚守初心、不懈付出，确保各环节高质量完成；秉承军魂匠心精神，我们创造了华晨宝马汽车工厂项目的卓越品质，不负业主的信任。

第 10 章

以匠心　筑不凡

十余年来，中建安装深耕汽车工厂建造领域，涵盖了汽车工厂所有功能车间和辅助用房，从最初的探索到现在的成熟，不仅适应了华晨宝马先进的管理方法，还积极进行了多项高效的技术创新与工程实践。

10.1 精雕细琢

1. 地基基础为乙级，承载力满足设计要求（图10.1-1）; 3972个独立杯口基础，定位、标高、尺寸精确（图10.1-2）。

图10.1-1 地基基础现场图

图10.1-2 独立杯口基础现场图

2. 主体结构，6.18万 t 钢结构制安精良、焊缝饱满、栓接可靠，变形控制满足要求（图10.1-3）; 防腐、防火涂装均匀（图10.1-4）。

3. 不上人屋面坡向正确，坡度明显（图10.1-5）; 43万 m^2 TPO 防水卷材接缝整齐、焊接牢固; 节点处理细致，雨后无积水，不渗不漏（图10.1-6）。

4. 外墙板，3.4万块150mm 厚彩钢岩棉夹芯外墙板排布合理、安装牢固、接缝严密，各项检测合格（图10.1-7）。

5. 耐磨地坪、环氧自流平、PVC 地板、防静电地板等8种铺装地面平整、美观、不空不裂（图10.1-8）。

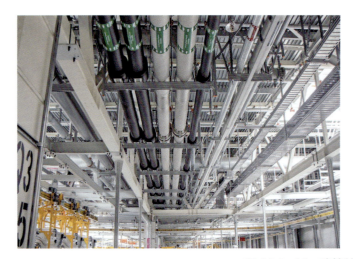

图 10.1-10　建筑给水排水工程现场图

图 10.1-11　通风与空调工程现场图

图 10.1-12　建筑电气工程现场图

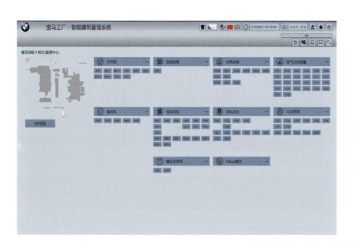

图 10.1-13 智能建筑工程现场图

10. 智能建筑包含建筑设备监控、建筑设备自动化、安全防范等系统，反应灵敏，功能完善、运行稳定（图 10.1-13）。

10.2 精彩瞬间

1. 箱形柱 2593 根，基于 BIM 技术高精度加工和测量，轴线位移最大偏差 2mm，安装精度高（图 10.2-1）。

图 10.2-1 箱形柱现场图

2. 工艺输送平台钢丝网 7 万 m²，通过固定式夹具栓接在钢结构上，采用"上装上拆"的形式，便于后期工艺生产线优化调整（图 10.2-2）。

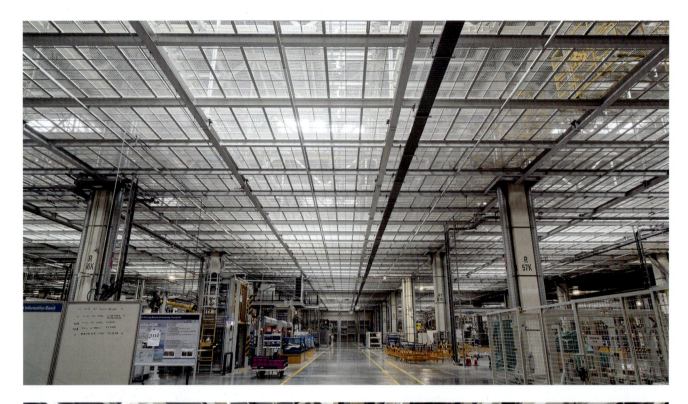

图 10.2-2　平台钢丝网安装固定

3. 6154m 设备地坑预埋轨道轴线精度和整体平整度满足工艺生产线要求（图 10.2-3）。

图 10.2-3　设备地坑预埋轨道

4. 桁架内管道、槽盒排列有序，立体分层，安装规范，标识清晰（图10.2-4）。

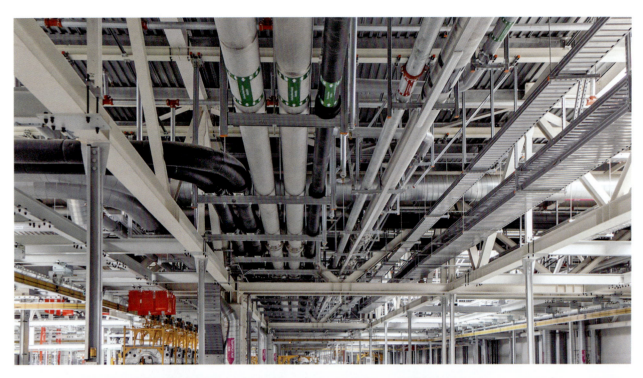

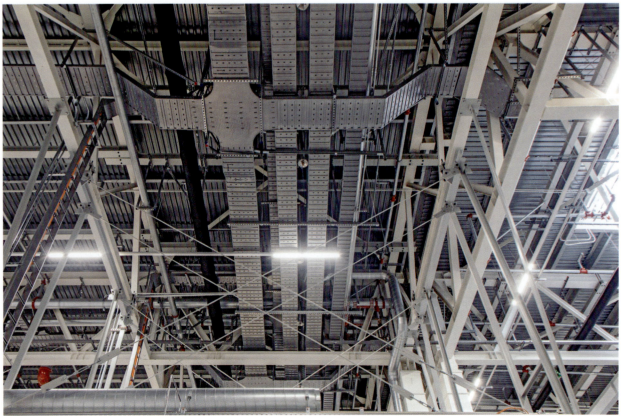

图 10.2-4　桁架内管道、槽盒

5.仪表、阀门部件成行成线，排列有序，标高统一，朝向一致；阀门手柄开关方便，标牌清晰正确（图10.2-5）。

图10.2-5 仪表、阀门部件

6. 装配式支吊架占比 80%，安装快捷、美观、受力均衡、牢固可靠（图 10.2-6）。

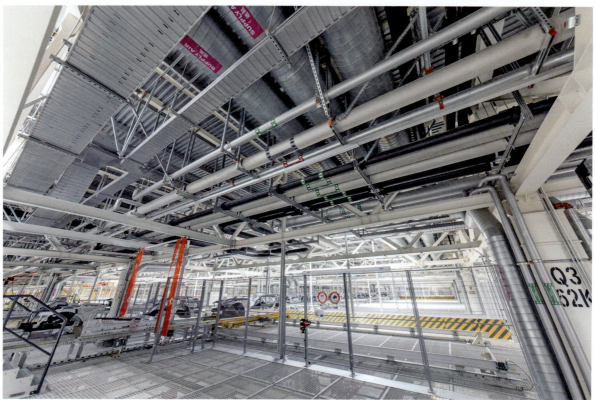

图 10.2-6　装配式支吊架

7. 变压器、低压柜 830 台排列规整，柜面平齐；柜内接线顺直、规范，相色正确，标识清晰，接地可靠（图 10.2-7）。

图 10.2-7 变压器、低压柜

8. 屋面 20 万 m 避雷网格安装顺直,固定支架间距均匀,与引下线连接可靠(图 10.2-8)。

图 10.2-8　避雷网格

9. 灯具照度统一，安装牢固，排布合理，整齐划一（图 10.2-9）。

图 10.2-9　灯具安装效果图

10. 2 台 2400kW 的涡轮增压型柴油发电机，在断电情况下快速切换，保证整个厂区的正常运行。设备管线走向一致、安装牢固、试运行可靠（图 10.2-10）。

图 10.2-10　涡轮增压型柴油发电机

11. 数据中心主体结构隐含钢筋屏蔽网，23万余个焊接点焊接可靠、联通有效，有效防止信号干扰和数据外泄（图10.2-11）。

图 10.2-11　数据中心

12. 空气压缩系统采用世界先进的 OP4.0 智能控制设备启闭时间，调节生产气量与使用气量达到 1:1 完美匹配，整机通过 EMC 欧洲电磁兼容性认证测试。设备布局美观、安装整齐划一、精度高、检修空间合理（图 10.2-12）。

图 10.2-12　空气压缩系统

13. 消防泵、柴油泵布置合理、安装规范、减振有效，所有管道预安装完成后拆除、镀锌并二次安装，管道防腐可靠、走向正确、美观，通过消防智能报警控制中心控制厂区内 6 大消防系统，联动测试可靠，响应及时，验收一次通过（图 10.2-13）。

图 10.2-13　消防泵房

14. 智能建筑管理系统实时监控厂区内各种设备的运行状况，机柜安装平稳、布置合理，线路编号清晰，标识正确（图10.2-14）。

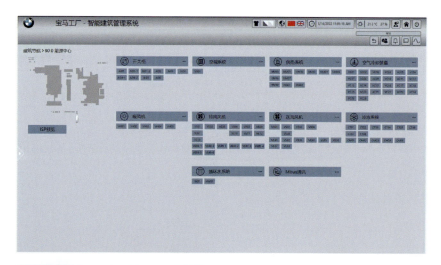

图 10.2-14　智能建筑管理系统

10.3 大事记

华晨宝马汽车有限公司产品升级项目（铁西工厂）建造大事记

- 2020 年 04 月 01 日：项目正式开工建设。

● 2020 年 04 月 30 日：项目钢结构首次吊装。

● 2020 年 07 月 23 日：项目机电系统辅梁首次安装。

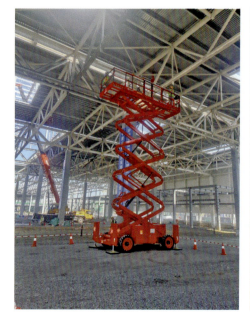

● 2020 年 09 月 29 日：项目机电系统施工启动。

● 2020 年 11 月 25 日：屋面冷却塔到场并完成吊装。

● 2020 年 11 月 30 日：宝马里达工厂建筑暖封闭仪式，项目采用"临永结合"方案，仅用一个月完成 11 万 m² 车间临时采暖系统。

● 2021 年 02 月 09 日：为春节期间坚守一线工人发放慰问品。

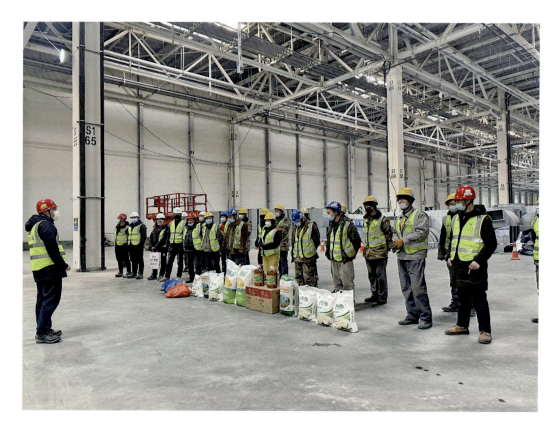

● 2021 年 03 月 19 日：中建安装东北公司执行董事、党委书记王文柱到项目调研。

● 2021 年 03 月 13 日：启动"安全与质量并进，效率与速度同行，力保工期节点"奋战 50 天动员大会。

● 2021 年 04 月 15 日：完成 9# 电气平台送电，至此全部电气设备送电顺利完毕，项目进入调试和验收阶段。

● 2021 年 04 月 30 日：车间内调试和保洁全部完成，向业主工艺管理部分区域移交。

● 2021 年 08 月 12 日: 辽宁省建筑业协会会长范越林与九三学社中央委员、辽宁省政协常委、辽宁省人民对外友好协会常务副秘书长孙德兰一行到访华晨宝马铁西工厂进行考察调研。

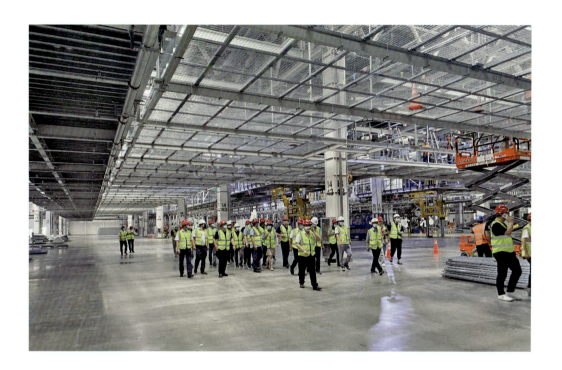

● 2021 年 12 月 16 日: 项目获"哈、长、沈"三市优质工程观摩活动优质工程奖。

● 2022 年 06 月 07 日：辽宁省优质工程"世纪杯"复查专家组莅临项目指导工作。

● 2022 年 06 月 09 日：获辽宁省建设工程世纪杯（省优质工程）称号。

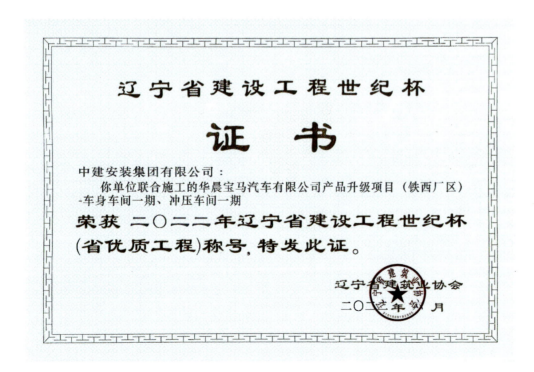

● 2022 年 08 月 31 日: 中国建筑业协会国家鲁班奖专家工作组进行复查督导。

● 2023 年 11 月: 荣获 2022—2023 年度中国建设工程鲁班奖（国家优质工程）。

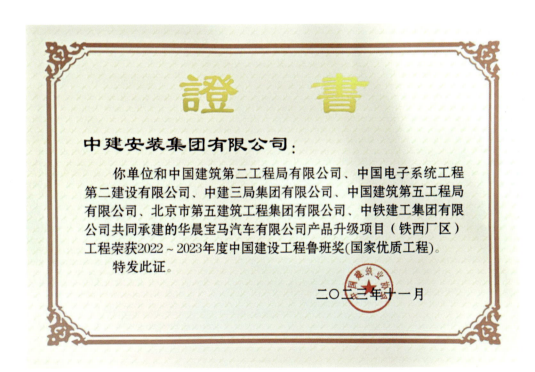

参考文献

[1] 王淑钰，衣霄翔，刘羿伯，等．促进老工业基地转型的国土空间优化研究——德国鲁尔区发展经验及启示 [C]// 中国城市规划学会．人民城市，规划赋能——2023 中国城市规划年会论文集（02 城市更新）．

[2] 中国建筑业协会公布 2022—2023 年度第一批中国建设工程鲁班奖（国家优质工程）入选名单 [J]．招标采购管理，2023，2．

[3] 冯国会，王梽炜，等．大型集中空调水系统平衡调试技术探讨——以华晨宝马铁西工厂总装物流车间为例 [J]．暖通空调，2018，48（10）．

[4] 关一文．"环球影城建造"荣膺 10 个鲁班奖 [G]. 2022-12-28.

[5] 胡振中，冷烁，等．基于 BIM 和数据驱动的智能运维管理方法 [J]．清华大学学报（自然科学版），2022，62（2）．

[6] 焦柯，陈少伟，等．BIM 正向设计实践中若干关键技术研究 [J]．土木建筑工程信息技术，2019，11（5）．

[7] 李翊君，黄静菲．白龙港污水厂污泥处置二期工程"BIM+"数智化设计与建造 [J]．土木建筑工程信息技术，2023，15（5）．

[8] 刘晓芳．宝马：机器人接管工厂 [J]．IT 经理世界，2014，8．

[9] 马飞腾，张会旺，等．BIM 正向设计提质增效探究 [C]．第九届全国 BIM 学术会议．2023．

[10] 王焕新．华晨宝马新工厂车身车间工艺冷却节能方案 [J]．智能建筑与城市信息，2012，7．

[11] 王晓岷，李阳．基于国产自主软件平台的 EPC 项目 BIM 正向设计应用实践 [C]．第九届全国 BIM 学术会议．2023．

[12] 许成德，侯恩普，等．节地、节能、简约、美观——精益建造思想在工厂建筑设计中的应用 [J]．工业建筑，2008，9．

[13] 赵才魁．鲁班奖视角下的建筑工程数字化质量管理研究及应用 [R]．河北工程大学，2021．

[14] 祖林．宝马工厂折射德国工业 4.0 [J]．现代班组，2014，8．